Anbarasan Palanisamy
Basker Palanisamy

E-Agricultura: Um modelo de transferência de tecnologia baseado nas TIC na agricultura

Anbarasan Palanisamy
Basker Palanisamy

E-Agricultura: Um modelo de transferência de tecnologia baseado nas TIC na agricultura

ScienciaScripts

Imprint

Any brand names and product names mentioned in this book are subject to trademark, brand or patent protection and are trademarks or registered trademarks of their respective holders. The use of brand names, product names, common names, trade names, product descriptions etc. even without a particular marking in this work is in no way to be construed to mean that such names may be regarded as unrestricted in respect of trademark and brand protection legislation and could thus be used by anyone.

Cover image: www.ingimage.com

This book is a translation from the original published under ISBN 978-3-659-81423-5.

Publisher:
Sciencia Scripts
is a trademark of
Dodo Books Indian Ocean Ltd. and OmniScriptum S.R.L publishing group

120 High Road, East Finchley, London, N2 9ED, United Kingdom
Str. Armeneasca 28/1, office 1, Chisinau MD-2012, Republic of Moldova, Europe
Printed at: see last page
ISBN: 978-620-8-15494-3

ÍNDICE

RESUMO

Nesta era moderna, o e-velanmai é a versão melhorada para satisfazer as necessidades de informação agro-tecnológica dos agricultores. As vantagens tecnológicas inovadoras, como o computador, a Internet e o telemóvel, serão úteis para os agricultores obterem aconselhamento sobre as suas questões agrícolas junto de vários cientistas eminentes. O e-velanmai é definitivamente um esquema promissor para reduzir o tempo de resposta a questões relacionadas com a agricultura.

O presente estudo foi realizado com o objetivo de analisar o "comportamento de vontade de pagar" dos agricultores inscritos no e-velanmai e de identificar os benefícios e as expectativas dos agricultores em relação ao modelo de transferência de tecnologia e-velanmai, bem como de descobrir a eficácia do processo de transferência de tecnologia realizado através do modelo e-velanmai (avaliação móvel) e de documentar a experiência dos agricultores com o e-velanmai através de estudos de caso.

O presente estudo foi efectuado nas sub-bacias de Aliyar e Palar dos distritos de Coimbatore e Tiruppur, respetivamente. O número de associações de utilizadores de água (WUA) selecionadas em Aliyar e Palar é de 3 e 2, abrangendo 21 e 20 aldeias, respetivamente. O número total de agricultores inscritos na e-velanmai em Aliyar e Palar foi de 392 e 530, respetivamente. Foi selecionada uma amostra aleatória proporcional de 30 inquiridos de cada sub-bacia. Além disso, foram selecionados aleatoriamente e proporcionalmente 15 agricultores não inscritos no e-velanmai de cada sub-bacia, que também eram membros da WUA.

Foram selecionados 90 inquiridos, todos eles membros da WUA das sub-bacias de Aliyar e Palar. Os dados foram recolhidos utilizando um programa de entrevistas pré-testado e bem estruturado. O resumo das conclusões é apresentado a seguir.

A maioria dos inquiridos era jovem e tinha um nível de educação secundário superior, pertencia à categoria dos pequenos agricultores e dos agricultores marginais, tinha um nível de rendimento até Rs.75.000, tinha um nível médio de exposição aos meios de comunicação social, orientação científica e um baixo nível de contacto com as agências de extensão. A maioria dos agricultores não estava interessada em participar nos programas de formação conduzidos pelo e-velanmai. Tinham um baixo nível de posse de computadores e de conhecimentos de informática.

A maioria dos agricultores estava disposta a continuar a ser membro a longo prazo, uma vez que os benefícios eram considerados elevados. Além disso, estão dispostos a pagar anualmente para aceder aos serviços de extensão através do método de extensão baseado nas TIC. A maioria dos agricultores está disposta a pagar Rs.300 pela adesão anual. Mas, no caso do acesso ao serviço de extensão oferecido pelo departamento estatal da agricultura, os agricultores manifestaram a sua relutância.

A maioria dos inquiridos tinha conhecimento do sistema e-velanmai. A grande maioria dos inquiridos foi altamente beneficiada por este modo de transferência de tecnologia e-velanmai. A maioria dos inquiridos adoptou as tecnologias recebidas por serem de baixo custo e eficazes. A grande maioria dos inquiridos percebeu várias vantagens e a principal vantagem foi o facto de ter ajudado a poupar tempo e dinheiro aos agricultores, uma vez que os conselhos foram entregues à porta da exploração. A grande maioria dos inquiridos não teve qualquer problema no acesso ao aconselhamento agrícola. A maioria dos inquiridos teve problemas com a utilização das ferramentas TIC. Mais de metade dos inquiridos obtiveram conselhos técnicos através do e-velanmai. A maioria dos inquiridos estava satisfeita com os serviços de extensão oferecidos através do e-velanmai. Os agricultores podiam obter sugestões ou conselhos no prazo de 2-4 horas, o que ajudava os agricultores a reagir atempadamente. A maioria dos inquiridos tinha credibilidade em relação aos conselhos oferecidos pelo e-velanmai.

A maioria dos inquiridos apercebeu-se da clareza da mensagem transmitida através do e-velanmai. A maioria dos inquiridos ficou satisfeita com a atualidade dos conselhos dados pelo e-velanmai. A maioria dos inquiridos acredita que o e-velanmai é o melhor meio de transferência de tecnologia em comparação com o método convencional de extensão. A maioria dos inquiridos considerou que o pessoal da extensão visitou os agricultores, enquanto que no método convencional os agricultores costumavam visitar o pessoal da extensão. A maioria dos inquiridos preferiu que os AO/AAO fossem os melhores extensionistas alternativos disponíveis para oferecer conselhos agrícolas através do modo e-velanmai de transferência de tecnologia, no caso de o regime ser retirado no futuro.

A principal razão para os agricultores receberem o modo de tecnologia e-velanmai foi o rendimento lucrativo obtido através da agricultura científica, o acesso dos agricultores a tecnologias recentes desenvolvidas pela universidade, o aumento do rendimento através de uma produtividade elevada e a gestão eficaz dos problemas agrícolas.

A maioria dos agricultores estava disposta a receber tecnologias agrícolas através do modo e-velanmai para praticar agricultura científica nas suas explorações. Todos os inquiridos gostariam de receber muita formação técnica orientada, sobre a utilização de ferramentas TIC para a transferência de tecnologia.

Relativamente à avaliação da tecnologia móvel, a nitidez máxima do zoom foi alcançada em 2 mp, 3,2 mp e 5 mp. Considerando o custo e a qualidade da imagem, o modelo 5130 c-21 com 2 mp é recomendado para utilização no processo de transferência de tecnologia. Embora os telemóveis de 3,2 e 5 mp tenham melhor nitidez e zoom, devido ao seu elevado custo, podem não ser acessíveis aos agricultores. Concluiu-se, portanto, que se sugeria aos agricultores um telemóvel com uma câmara de 2 mp, que seria útil para enviar imagens para obter aconselhamento técnico de peritos.

O e-velanmai foi avaliado como um meio eficaz de transferência de tecnologias agrícolas para os agricultores. Esta é considerada uma abordagem eficaz de transferência de tecnologia para os agricultores pelos peritos agrícolas.

CAPÍTULO 1

INTRODUÇÃO

O novo paradigma do desenvolvimento agrícola está a emergir a um ritmo mais rápido. O desenvolvimento global das zonas rurais nos países em desenvolvimento está a tomar novas vias de expansão. As velhas formas de fazer negócios em termos de prestação de serviços importantes aos cidadãos estão a ser postas em causa tanto nos países em desenvolvimento como nos países desenvolvidos.

Sobre a e-velanmai

Trata-se de um modelo de transferência de tecnologia participativo e orientado para a procura, baseado nas TIC, que visa prestar serviços de aconselhamento agrícola atempados por uma equipa multidisciplinar de cientistas agrícolas aos agricultores, utilizando ferramentas TIC (câmara digital, computador, Internet, telemóvel, etc.) através de um coordenador de campo (CF)/voluntário (agricultor), em função das necessidades (Karthikeyan, 2009). Trata-se de uma abordagem sustentável da transferência de tecnologia para permitir uma agricultura científica e aumentar a produtividade das explorações agrícolas. É referido como modelo de transferência de tecnologia participativo e orientado para a procura porque:

• Os agricultores pagam uma taxa de adesão baseada na dimensão da sua exploração agrícola para beneficiarem dos serviços de extensão no âmbito do e-velanmai, o que constitui um indicador da sua participação no sistema de transferência de tecnologia.

• Os cientistas respondem às questões dos agricultores com base no seu pedido (procura) ou necessidade e, por conseguinte, a procura de aconselhamento técnico ou de agricultura científica é orientada pela procura.

• Acredita-se também que é uma abordagem sustentável da extensão, pois facilita aos agricultores a adoção do modelo 'e-velanmai' para o acesso à tecnologia a longo prazo, mesmo após o período do projeto (2012). As quotas recolhidas serão utilizadas para gerir a sustentabilidade do processo.

1.1. OBJECTIVOS

1) Analisar o comportamento de "vontade de pagar" dos agricultores na abordagem de extensão baseada nas TIC.

2) Identificar os benefícios e as expectativas dos agricultores relativamente ao modelo de transferência de tecnologia "e-velanmai".

3) Documentar a experiência dos agricultores com o "e-velanmai" através de estudos de caso.

CAPÍTULO 2

ORIENTAÇÃO TEÓRICA

O passado é o guia para o futuro. As investigações anteriores são os óculos que permitem ver as descobertas e invenções futuras. Por isso, a revisão de investigações anteriores, que são claras e que servem de apoio, constituirá uma base para a presente investigação, bem como uma mensagem comparativa para estabelecer uma ponte entre o passado e o futuro. Uma pesquisa sobre estudos de investigação anteriores relacionados com o presente estudo revelou que apenas algumas investigações se concentraram em projectos de tecnologias da informação e da comunicação (TIC).

2.1. Extensão cibernética

2.2. Tecnologias da informação e da comunicação (TIC) para o desenvolvimento da agricultura

2.3. Tecnologias de informação e comunicação na transferência de tecnologia agrícola

2.4. Iniciativas de projectos no domínio das tecnologias da informação e da comunicação (TIC)

2.5. Sensibilização e padrão de utilização das modernas tecnologias da informação -/Gadgets

2.6. Comportamento de vontade de pagar dos agricultores

2.1. Extensão cibernética

Misra (1999) referiu que a ciberextensão pode ser definida como a divulgação de informação através do ciberespaço para o bem-estar dos clientes da extensão - os agricultores, diretamente ou através do intermediário estabelecido pelos extensionistas.

Sharma (2000) indicou que a ciberextensão significa "utilizar o poder das redes em linha, da comunicação informática e do multimédia digital interativo para facilitar a difusão da tecnologia agrícola".

2.2. TIC para o desenvolvimento da agricultura

Zijp (1994) referiu que as TI iriam provocar uma mudança radical no desenvolvimento agrícola e rural em termos de redução de custos, maior armazenamento, facilidade de utilização, rapidez e novas ligações entre diferentes meios de comunicação e "info-entretenimento".

Com as novas TIC, as comunidades rurais podem adquirir a capacidade de melhorar as suas condições de vida e motivar-se através da formação e do diálogo com os outros a um nível que lhes permita tomar decisões para o seu próprio desenvolvimento (Balit, 1998).

A FAO (1998) referiu que os telecentros rurais podem servir como depósitos de informação". ou "hubs" que colocam a informação regional, nacional e internacional na ponta dos dedos dos trabalhadores do desenvolvimento agrícola. Fornecem informações sobre os mercados, o clima, a produção agrícola e pecuária e a proteção dos recursos naturais dos agricultores.

No entanto, diferentes combinações de meios de comunicação podem ser melhores em diferentes casos, através da rádio, televisão, cassetes de vídeo, cassetes áudio, videoconferência, programas informáticos, impressão, CD-ROM ou Internet. (Truelove, 1998).

O Banco Grameen tem sido tão bem sucedido na criação de empregos para empresários rurais pobres e na ligação da comunidade ao mundo, que está a ser reproduzido em dezenas de outros países. A maioria dos mutuários eram mulheres. Reúnem-se semanalmente para discutir o pagamento do empréstimo e outras questões de saúde e desenvolvimento (http://www.grameen-info.org/bank/indexhtml,)

2.3. As TIC na transferência de tecnologias agrícolas

A FAO criou o Centro Mundial de Informação Agrícola (WAICENT) para a gestão e a divulgação da informação agrícola, num esforço de luta contra a fome. O WAICENT é o programa estratégico da FAO para melhorar o acesso a documentos essenciais, estatísticas, mapas e recursos multimédia a milhões de utilizadores em todo o mundo (http:// www.fao.org).

De acordo com Anupamashah e Gupta (1986), 83% da aprendizagem ocorre através da visão. O interesse dos alunos ensinados através de meios visuais não só foi despertado como também enriqueceu a situação de aprendizagem, mantendo o interesse, promovendo uma melhor compreensão e motivando o pensamento e a ação.

Zijp (1994) referiu que a tecnologia da informação iria provocar uma mudança radical no desenvolvimento agrícola e rural em termos de redução de custos, maior armazenamento, facilidade de utilização, rapidez e novas ligações entre diferentes meios de comunicação e "infotainment".

O Fundo Internacional de Desenvolvimento Agrícola (FIDA) está a apoiar um sistema baseado na Internet na América Latina e nas Caraíbas - FIDAMERICA - que tem por objetivo reforçar as capacidades locais das comunidades rurais pobres e melhorar a sua qualidade de vida. O sistema utilizou as TIC para ajudar as comunidades rurais a aceder a informações agrícolas, de mercado e técnicas e a melhorar o acesso aos sistemas financeiros. Oferece facilidades para o intercâmbio de conhecimentos e informações através de conferências electrónicas, correio eletrónico, bases de dados e sítios Web. O FIDAMERICA, agora na sua segunda fase, tem 41 projectos e programas na região e envolve cerca de 3600 organizações comunitárias e 500.000 famílias (FIDA http://www.fidamerica.cl/).

2.4. Iniciativas de projectos no domínio das tecnologias da informação e da comunicação (TIC)

Bhaskar e Rao (1999) referem que o projeto Warna Wired Village abrangeu 170 aldeias em Maharashtra e que a estrutura cooperativa existente é utilizada com as infra-estruturas mais modernas para fornecer acesso à Internet às sociedades cooperativas. Este projeto forneceu "informação aos aldeões através da instalação de cabinas de rede nas aldeias.

Sivakumar (2000) referiu que os agricultores necessitavam de quatro coisas principais: "Conhecimento das práticas agrícolas, informações meteorológicas precisas para planear as operações, informações sobre preços que os ajudem a comprar os factores de produção a baixo preço e informações sobre preços que os ajudem a vender os rendimentos a alto preço." A economia de escala diminuirá os custos de acesso à Internet para o agricultor em zonas altamente povoadas como a Índia. É provável que a Web se expanda a muitas outras zonas rurais do mundo, porque os agricultores assim o exigem e porque as tecnologias necessárias estão a ficar mais baratas e melhores.

2.5. Sensibilização e padrão de utilização das modernas tecnologias da informação

Anandaraja (2003) referiu que mais de dois quintos dos produtores de coco com computador (44,50%) não tinham conhecimento de qualquer sítio Web agrícola. Seguiu-se um terço dos inquiridos (34,40%) que conhecia até dois sítios Web agrícolas. Cerca de um décimo (13,10%) dos inquiridos tinha conhecimento de três a cinco sítios Web agrícolas.

Senthilkumar (2003) referiu que 44,45% dos agricultores tinham um nível médio de conhecimento das bases de dados electrónicas, seguido de um nível baixo de conhecimento, 33,33%. Apenas 22,22% tinham um elevado nível de conhecimento das bases de dados electrónicas.

Da análise supra, conclui-se que os agricultores têm um baixo nível de sensibilização e de utilização dos dispositivos modernos de tecnologias da informação. É necessário sensibilizar os agricultores para o potencial dos dispositivos informáticos modernos.

2.6. Comportamento da vontade de pagar

Holloway e Ehui (2001) centraram-se na limitação do rendimento em dinheiro num modelo de procura do consumidor, determinando o montante do rendimento que um produtor de leite na Etiópia está disposto a renunciar para obter uma unidade adicional de serviço prestado. A decisão que o produtor de leite tem de tomar é a de participar ou não no mercado. A participação no mercado depende do aumento do preço que ele pode obter por um produto melhor. A WTP é calculada apenas para visitas individuais de extensão. A adequação desta abordagem depende da fiabilidade dos preços de mercado e do grau de orientação comercial da produção.

Karthikeyan *et al.* (2009) estimaram o comportamento WTP dos agricultores para a água de irrigação do tanque em condições melhoradas de abastecimento de água durante as estações húmida e seca do cultivo de arroz. Os autores utilizaram o método de avaliação de contingência para determinar o valor económico da água de irrigação dos tanques e também a função de produção quadrática para determinar o valor da água de irrigação. Sugerem que o atual padrão de utilização da água não conduzirá a uma utilização sustentável dos recursos nas zonas de comando dos tanques e sugerem também opções políticas para a utilização sustentável da água de irrigação e a gestão dos tanques na Índia.

CAPÍTULO 3

METODOLOGIA DE INVESTIGAÇÃO

Este capítulo trata de uma breve descrição dos métodos e procedimentos de investigação adoptados neste estudo. Os vários aspectos abordados neste capítulo são tratados nos seguintes subtítulos.

3.1. Local de investigação

3.2. Processo de amostragem

3.3. Avaliação através de telemóveis

3.4. Seleção e operacionalização das variáveis

3.5. Método de recolha de dados

3.6. Instrumentos estatísticos utilizados

3.7. Elaboração do relatório

3.1. Local de investigação

3.1.1. Seleção do distrito

Este estudo foi realizado nos distritos de Coimbatore e Tirupur do estado de Tamil Nadu. Os distritos de Coimbatore e Tirupur foram selecionados devido ao facto de o projeto de investigação-ação "e-velanmai", iniciado em julho de 2007, estar a ser implementado nestes dois distritos com o apoio do projeto TN- IAMWARM, apoiado pelo Banco Mundial e patrocinado pelo Governo de Tamil Nadu. Através deste projeto, o "e-velanmai" visa fornecer aconselhamento científico de qualidade, atempado e específico para as explorações agrícolas, com o apoio de ferramentas TIC, cientistas agrícolas e os agricultores necessários à porta das respectivas explorações.

3.1.2. Descrição da zona de estudo
3.1.2.1. Distrito de Coimbatore

O distrito de Coimbatore situa-se na parte ocidental de Tamil Nadu, parte da região de Kongu Nadu. O distrito faz fronteira com o distrito de Palakkad de Kerala a Oeste, com o distrito de Nilgiris a Norte, com o distrito de Erode a Nordeste e a Leste, com o distrito de Idukki de Kerala a Sul e com o distrito de Dindigul a Sudeste.

3.1.2.2. Localização geográfica: O distrito de Coimbatore situa-se na região norte do estado de Tamilnadu, que se encontra exatamente entre 11°15' de latitude norte e 77°19' de longitude leste, com um nível médio do mar (MSL) de 432-12 m. (www.coimbatore.nic.in).

3.1.2.3. Principais culturas

O coco, a banana, o milho, a cana-de-açúcar e a tapioca são as principais culturas cultivadas nas sub-bacias de Aliyar e Palar deste distrito. A área de cada cultura é apresentada no Apêndice I.

3.1.2.4. Tipo de solo

Estas aldeias têm três tipos diferentes de solos, normalmente solos franco-pretos, franco-vermelhos e arenosos vermelhos. As percentagens de solos vermelho-argilosos, vermelho-arenosos e preto-argilosos são de 15%, 10% e 75%, respetivamente, e outros pormenores sobre o solo são apresentados resumidamente no Anexo I.

3.1.2.5 Distrito de Tiruppur

O distrito de Tiruppur situa-se na parte ocidental de Tamilnadu, na fronteira com os Ghats Ocidentais, pelo que goza de um clima moderado. O distrito está rodeado pelo distrito de Coimbatore a oeste, pelo distrito de Erode a nordeste, pelo distrito de Karur a leste e pelo distrito de Dindigul a sudeste. A sul, o distrito está rodeado pelo estado de Kerala (distrito de Idukki).

3.1.2.6 Localização geográfica

O distrito de Tirupur está situado na região norte do estado de Tamilnadu, que se encontra exatamente entre 11°18' de latitude norte e 77°25' de longitude leste. (www.tirupur.nic.in)

3.1.2.7. Principais culturas

O coco, a cana-de-açúcar e a banana são as principais culturas cultivadas na sub-bacia deste distrito. A área de cada cultura é apresentada no Apêndice II.

3.1.2.8. Tipo de solo

As aldeias do distrito de Tirupur têm três tipos diferentes de solos, nomeadamente solo argiloso, solo vermelho e solo preto, sendo as percentagens de solo preto, solo vermelho e solo argiloso de 50%, 30% e 20%, respetivamente. Em geral, o solo da cidade e dos seus arredores é fértil e bom para fins agrícolas.

3.1.3. Seleção da sub-bacia

Este estudo foi efectuado nas duas áreas de comando de canais das sub-bacias de Palar e Aliyar dos distritos de Tiruppur e Coimbatore, respetivamente. O teste-piloto do modelo e-velanmai foi tentado nestas sub-bacias e, por conseguinte, a seleção da área de estudo foi feita em conformidade.

3.1.4. Seleção da WUA

Destas duas sub-bacias, foram selecionadas cinco associações de utilizadores de água (WUA), três em Aliyar e duas nas sub-bacias de Palar, tendo em conta o âmbito de funcionamento do projeto e-velanmai. Cada uma das WUA selecionadas nas duas sub-bacias era composta por cerca de seis a oito aldeias. Havia 530 agricultores membros do projeto e-velanmai na sub-bacia de Palar e 392 agricultores na sub-bacia de Aliyar. Seguiu-se uma amostragem aleatória proporcional para selecionar 30 agricultores de cada sub-bacia. Além disso, foram selecionados aleatória e proporcionalmente 15 agricultores não inscritos no e-velanmai de cada sub-bacia, que eram todos membros da WUA.

3.2. Processo de amostragem

Para este estudo, foi selecionada uma amostra aleatória proporcional de 60 agricultores inscritos no projeto e- velanmai, distribuindo 30 das sub-bacias de Aliyar e 30 das sub-bacias de Palar. A eficácia do processo de transferência de tecnologia (TOT) foi conseguida através da realização de experiências de avaliação utilizando ferramentas TIC, com a participação de peritos e agricultores para o estudo.

Quadro 1. Seleção das aldeias e dos inquiridos

S.No	Sub basins	Name of the WUA	Total No of villages covered	Total No of registered farmers in WUA	No of e-velanmai farmers	Samples Drawn	
						Members	Non members
1	Palar	1.Kumarapalayam	10	1200	470	26	13
		2.Chenjeri puthur	10	1400	60	4	2
	Total		20	2600	530	30	15
2	Aliyar	1.Manur	7	700	210	16	8
		2.Thimmankuthu	5	510	31	2	1
		3.Devampadi valasu	9	1020	151	12	6
	Total		21	2230	392	30	15
	Total	5	41	4830	922	60	30

Para documentar as experiências dos agricultores no acesso a conselhos agrícolas através do e-velanmai, foi identificada uma amostra de 5 casos de cada sub-bacia para representar a tipicidade do caso na região. A "disposição para pagar" dos agricultores e as suas expectativas no projeto e-velanmai foram determinadas com uma amostra aleatória de 60 agricultores. Foi selecionada uma amostra de 30 não membros de ambos os locais de estudo para comparação com os membros no que respeita à sua disponibilidade.

3.3. SELECÇÃO E OPERACIONALIZAÇÃO DAS VARIÁVEIS

3.3.1. Seleção de variáveis independentes

Tendo em conta o âmbito e os objectivos do estudo, foram identificadas onze variáveis com base na literatura e em consulta com cientistas da extensão.

Quadro 3: Lista das variáveis selecionadas para o estudo, juntamente com o respetivo procedimento de medição: Os pormenores sobre o nome das variáveis selecionadas para o estudo e o respetivo procedimento de medição seguido são apresentados no quadro 3.

S.N.	Variável	Procedimento de medição
I	Variável independente	
1.	Idade	Seguido de Vivekanandan (2008)
2.	Estatuto académico	Seguido de Lakshmana (2000)
3.	Dimensão da exploração	Seguido de Chandrakandan (1982)
4.	Rendimento anual	Seguido de Jamatia (1997)
5.	Exposição nos meios de comunicação social	Seguido de Venkattakumar (1997)
6.	Formação frequentada	Seguido de Senthilkumar (2003)
7.	Propriedade do computador	Desenvolvido por Senthil kumar (2003)
8.	Conhecimentos de informática	Desenvolvido por Fernandaz (2002)
9.	Formações informáticas efectuadas	Desenvolvido por Senthilkuumar(2003)
10.	Contacto da agência de extensão	Seguido de Karthikeyan (1997)
11.	Orientação científica	Escala desenvolvida por Supe (1969)
II	Variável dependente	
1.	Comportamento da vontade de pagar	Desenvolvido para o estudo

3.3.2. Operacionalização e medição das variáveis independentes

A clarificação concetual e o respetivo procedimento de medição para as dezoito variáveis independentes selecionadas são destacados a seguir.

3.3.2.1. Idade

A idade foi operacionalizada como o número de anos completos do inquirido no momento do inquérito e a idade coronológica foi tomada como medida. Os anos completos dos inquiridos foram considerados como tal para efeitos de análise. Os inquiridos foram categorizados em três categorias, de acordo com a sua idade, segundo Vivekanandan (2008).

S.N.	Categoria	Anos	Pontuação
1.	Jovem	Até 35 anos	1
2.	Médio	36 a 45 anos	2
3.	Antiga	Mais de 45 anos	3

3.3.2.2. Estatuto académico

O estatuto educativo foi operacionalizado como a capacidade dos agricultores para ler e escrever ou o grau de educação formal que possuíam no momento do inquérito. O procedimento de pontuação seguido por Lakshmana (2000) foi utilizado com as modificações necessárias.

S. Não	Nível de educação	Pontuação
1.	Analfabeto	1
2.	Literacia funcional	2
3.	Ensino primário	3
4.	Ensino médio	4
5.	Secundário	5
6.	Ensino secundário superior	6
7.	Ensino superior	7

3.3.2.3. Dimensão da exploração

A dimensão da exploração agrícola refere-se à extensão total de terra que um indivíduo possui. Foram adoptados os procedimentos de conversão seguidos por Chandrakandan (1982). Assim, dois acres de terra seca foram equiparados a um acre de terra irrigada, e assim foi calculada a extensão total da terra. O procedimento de pontuação seguido por

Selvaraj (1990) foi seguido para converter a extensão total da terra possuída. O procedimento de pontuação é o seguinte.

Sl. Não	Extensão de terra (irrigada)	Pontuação
1	Até 2,50 ac	1
2	2,51-5,00 ac	2
3	5,01-10,00 ac	3
4	10.01 e superior	4

3.3.2.4. Rendimento anual

O rendimento anual foi definido como o rendimento total que um inquirido obtém da agricultura e de outras ocupações num ano. Seguiu-se o procedimento de pontuação adotado por Jamatia (1997). Foi atribuída uma pontuação unitária por cada mil rupias de rendimento e os inquiridos foram classificados de acordo com os intervalos de classe. Os inquiridos foram categorizados em quatro classes com base no seu rendimento anual, com a ajuda do montante total ganho.

3.3.2.5. Exposição nos meios de comunicação social

A exposição aos meios de comunicação de massas foi operacionalizada como o grau em que os inquiridos foram expostos à comunicação dos meios de comunicação de massas, que inclui a televisão, a rádio, mensagens gravadas em cassete. Jornais, boletins/revistas agrícolas, participação em reuniões de extensão como reuniões agrícolas, funções, demonstrações e exposições agrícolas para obter informações sobre agricultura e outros aspectos gerais. O procedimento de pontuação seguido por Venkattakumar (1997) foi adotado com as modificações necessárias.

1.   Para a participação na televisão, rádio, mensagens gravadas em cassete, jornais, boletins/revistas agrícolas, a pontuação é a seguinte

S. Não	Artigos	Pontuação
1.	Diário	5
2.	Uma vez por semana	4
3.	Uma vez por quinzena	3
4.	Uma vez por mês	2
5.	Nunca	1

1. Participação em reuniões agrícolas/funções agrícolas durante o último ano

-   Uma pontuação para uma participação

2.   Envolvimento em demonstrações agrícolas durante o último ano

-   Uma pontuação para uma participação

3.   Exposições agrícolas realizadas no último ano

-   Uma pontuação para uma exposição vista

Utilizando a média e o desvio-padrão, os inquiridos foram classificados em três categorias de níveis baixo, médio e alto de exposição aos meios de comunicação social.

3.3.2.6. Formação frequentada

Os seminários são referidos como o número de acções de formação realizadas pelos inquiridos na área da informática e domínios conexos. O procedimento de pontuação foi desenvolvido para o estudo, em que os inquiridos recebiam uma pontuação de dois se tivessem frequentado uma formação. Por cada formação adicional, foi adoptada uma pontuação de dois. Se o inquirido não tiver frequentado qualquer formação, foi atribuída uma pontuação de um.

S.N.	Artigos	Pontuação	
		Sim	Não
1.	Computador operativo	2	1
2	Recebeu formação	2	1

A soma total das pontuações mostrava o padrão de utilização do computador. Com base na pontuação total, os inquiridos foram classificados em intervalos.

3.3.2.7. Propriedade do computador

Foi operacionalizado com base na posse de computadores. Se o inquirido possuísse computador, a pontuação era um e se não possuísse computador, a pontuação era zero. Foi adotado o procedimento de pontuação utilizado por Cinthia Fernandz (2002). As respostas foram submetidas a uma análise percentual.

3.3.2.8. Conhecimentos de informática

Esta escala referia-se aos inquiridos expostos a computadores. Esta escala foi desenvolvida por Cinthia Fernandaz (2002). Se a resposta fosse "sim", era atribuída uma pontuação. Se a resposta fosse "não", era atribuída uma pontuação de zero. As respostas foram submetidas a uma análise percentual.

3.3.2.9 Formação informática recebida

A formação informática recebida foi definida como o número de formações recebidas pelos inquiridos até à data na área da informática e domínios conexos. O procedimento de pontuação baseou-se no número de acções de formação realizadas pelos inquiridos. Se o inquirido frequentou uma formação, foi-lhe atribuída a pontuação de dois; se não frequentou qualquer formação, foi-lhe atribuída a pontuação de um. O procedimento de pontuação desenvolvido por Anandaraja (2002) foi utilizado com ligeiras alterações.

3.3.2.10. Contacto da agência de extensão

Foi operacionalizada como a ligação do agricultor com o sistema de extensão através de contactos pessoais para a aquisição de informação sobre a agricultura e actividades afins. A quantificação destas variáveis foi feita com base na frequência dos contactos com os extensionistas. Os procedimentos de pontuação seguidos por Karthikeyan (1997) foram utilizados para o estudo, com ligeiras modificações.

S. Não	Frequência de contacto	Pontuação
1.	Sempre	4
2.	Por vezes	3
3.	Raramente	2
4.	Nunca	1

Os inquiridos foram classificados em três categorias: baixo, médio e alto, com base no método da frequência cumulativa.

3.3.2.11. Orientação científica

A orientação científica foi operacionalizada como o grau em que um inquirido estava orientado para a utilização de métodos científicos na agricultura. Foi medida com a ajuda da escala de orientação científica desenvolvida por Supe (1969). Foi utilizada com ligeiras alterações para o estudo. Havia 6 afirmações, das quais a segunda era negativa. As restantes eram afirmações positivas. A pontuação da resposta do inquirido foi medida numa escala contínua de três pontos, como se segue.

S. Não	Resposta	Concordo	Indecisos	Não concordo
1.	Pontuação para afirmações positivas	3	2	1
2.	Pontuação para afirmações negativas	1	2	3

As pontuações obtidas foram somadas para se chegar às pontuações individuais da orientação científica. Utilizando a frequência acumulada, os inquiridos foram classificados em três categorias: baixa, média e alta.

3.3.3. VARIÁVEIS DEPENDENTES

O estudo tinha uma variável dependente, nomeadamente a "disposição para pagar o comportamento", que foi medida através da atribuição de uma pontuação de 1, 2, 3, com base na necessidade, na continuação da adesão a longo prazo e na descontinuação, respetivamente. As respostas foram submetidas a uma análise percentual.

3.4. MÉTODO DE RECOLHA DE DADOS

Os dados foram recolhidos com a ajuda de um guião de entrevista bem estruturado. O programa de entrevistas foi pré-testado em zonas não incluídas na amostragem, onde os agricultores se inscreveram no projeto e-velanmai. Com base nas respostas dos agricultores, foram introduzidas as alterações necessárias no programa de entrevistas e foi elaborado o programa final. A recolha de dados foi realizada no mês de fevereiro de 2010. Os dados recolhidos foram tabulados e analisados utilizando as seguintes ferramentas estatísticas.

3.5. Ferramentas estatísticas utilizadas

Para chegar a uma conclusão completa e com significado, são necessárias ferramentas estatísticas relevantes. Neste estudo, foram utilizadas as seguintes ferramentas estatísticas para analisar os dados recolhidos.

1. Estatísticas descritivas;

Análise de frequência

Foi utilizada a análise de percentagens.

3.5.1. Análise percentual

A análise das percentagens foi efectuada para estabelecer comparações simples sempre que necessário.

3.6. Elaboração do relatório

Os dados recolhidos junto dos inquiridos através do programa de entrevistas foram codificados sob a forma de uma tabela principal no Microsoft Excel com as respectivas pontuações atribuídas a cada variável. A tabela principal assim preparada foi extraída para o programa SPSS (Statistical Package for Social Sciences) para efetuar as várias análises estatísticas mencionadas anteriormente. Os resultados assim obtidos foram descodificados manualmente para obter tabulações significativas das variáveis consideradas para o estudo. As tabulações obtidas foram registadas sob a forma de subtabelas, gráficos e quadros, a fim de se obterem algumas interpretações valiosas. As interpretações foram descritas de forma a serem significativas e facilmente compreensíveis. De todo este processo, as conclusões do estudo foram retiradas com conclusões relevantes e sugestões mais adequadas para todos os constrangimentos mencionados pelos inquiridos. As fontes autenticadas de toda a informação contida no relatório foram devidamente referidas. A discussão pormenorizada e os resultados da investigação foram apresentados nos capítulos seguintes.

CAPÍTULO 4
CONCLUSÕES E DEBATE

Esta secção constitui o cerne do presente relatório. Os dados recolhidos foram tabulados, analisados e discutidos. Os resultados foram interpretados de forma a evidenciar a relação mais marcante entre as variáveis. Os resultados foram apresentados por meio de tabelas, gráficos e figuras. Os resultados são apresentados à luz dos objectivos específicos estabelecidos na seguinte ordem.

4.1. Caraterísticas do perfil dos inquiridos

4.2. Opinião dos agricultores sobre a renovação das quotizações no e-velanmai

4.3. Sensibilização para o regime e-velanmai

4.4. Razões para não adotar as tecnologias recebidas

4.5. Benefícios e expectativas dos agricultores em relação ao modelo e-velanmai de transferência de tecnologia

4.6. Vantagens e problemas percebidos pelos agricultores no e-velanmai

4.7. Tempo de retorno do aconselhamento recebido pelos agricultores inscritos no e-velanmai

4.8. Expectativas futuras e dos agricultores no e-velanmai

4.9. Estudos de casos

4.1. Caraterísticas do perfil dos inquiridos

As caraterísticas do perfil dos inquiridos darão uma imagem clara dos antecedentes do inquirido, o que, por sua vez, ajudará a dar implicações políticas adequadas com base nas conclusões obtidas. Os resultados sobre as onze caraterísticas do perfil dos inquiridos estudados são discutidos abaixo.

4.1.1. Idade

A idade é um carácter importante. Revela a maturidade mental de um indivíduo para tomar decisões. Por conseguinte, a idade foi tida em conta neste estudo. Os resultados são apresentados no quadro 4 .

Tabela 4. Distribuição dos inquiridos de acordo com a sua idade

(n=90)

S.N.	Categoria	Número	Percentagem
1	Jovem	29	32.2
2	Médio	38	42.2
3	Antiga	23	25.6

O quadro 4 acima apresenta os pormenores sobre a idade dos inquiridos, tendo sido recolhidas 90 amostras, nas quais os agricultores de meia-idade representavam 38 em número, ou seja, (42,2%), seguidos dos jovens, que representavam 29 em número (32,3%) e dos idosos, que representavam 23 em número (25,6%).

Esta constatação está em contradição com as conclusões de Senthilkumar (2000), que referiu que a maioria dos inquiridos pertencia a um grupo etário jovem.

Pode concluir-se que a maioria das pessoas se encontra na meia-idade.

A maioria dos membros do e-velanmai era de meia-idade e tinha mostrado grande interesse em obter aconselhamento de uma fonte fiável como a Universidade Agrícola de Tamil Nadu.

4.1.2. Experiência agrícola

A experiência agrícola é a experiência em que o agricultor obtém experiência através das actividades agrícolas quotidianas. Os resultados são apresentados no quadro 5.

Tabela 5. Distribuição dos inquiridos de acordo com a sua experiência agrícola

(n=90)

S.N.	Categoria (Anos)	Número	Percentagem
1	<10	18	20.0
2	10-20	48	53.3
3	>20	24	26.7

Esta tabela 5 e a Fig. 4 fornecem os detalhes sobre a experiência agrícola, 90 amostras são recolhidas, nas quais um quinto dos inquiridos tinha menos de 10 anos, 53,3% pertenciam a 10-20 anos e os restantes 26,6% tinham uma experiência de >20 anos.

A maioria dos inquiridos tinha uma experiência agrícola entre 10 e 20 anos, o que é adequado para o estudo, e demonstrou maior interesse pelo método científico de cultivo.

4.1.3. Dimensão da exploração

A dimensão da exploração agrícola é um dos factores importantes para a aquisição de novas tecnologias. Assim, a dimensão da exploração dos inquiridos foi estudada e os resultados são apresentados no quadro 7.

Tabela 6. Distribuição dos inquiridos de acordo com a dimensão da sua exploração

A dimensão da exploração é um dos factores importantes para a aquisição de novas tecnologias. Por conseguinte, a dimensão das explorações dos inquiridos foi estudada e os resultados são apresentados no quadro 6

(n=90)

S.N.	Categoria	Número	Percentagem
1	Sem terra	3	3.3
2	Menos de 2,5 ac	30	33.3
3	2,5 - 5,0 ac	32	35.6

| 4 | 5,0 - 10,0 ac | 16 | 17.8 |
| 5 | Mais de 10 ac | 9 | 10.0 |

A tabela 6 acima apresenta os detalhes sobre a distribuição dos inquiridos de acordo com a sua situação agrícola, foram consideradas 90 amostras e 3,3% delas eram sem terra, 33,3% dos inquiridos tinham terras com menos de 2,5 acres, 35,6% dos inquiridos tinham 2,5-5 acres de terra, 17,8% dos inquiridos tinham terras de 5,0-10,0 acres e os restantes 10% tinham mais de 10 acres de terra. A partir desta constatação, pode concluir-se que cerca de 36,00 por cento dos agricultores tinham uma dimensão de exploração de 2,5-5,0 acres de terra. Esta constatação é corroborada por Johnson (2002).

4.1.4. Rendimento anual

O rendimento é uma variável importante. As pessoas que pretendem obter mais rendimentos gostariam de receber mais informações. Utilizarão os computadores para obter as informações mais recentes. Foram recolhidos dados relevantes e os resultados são apresentados no Quadro 7

Tabela 7. Distribuição dos inquiridos de acordo com o seu rendimento anual

(n=90)

Sl. Não.	Categoria	Número	Percentagem
1	Até Rs 25.000/-	51	56.7
2	Rs 25,000/- a Rs 75,000/-	36	40.0
3	Rs 75,000/- a Rs 1,25,000/-	3	3.3

A tabela 7 acima descreve a distribuição dos inquiridos de acordo com o seu rendimento anual. Foram recolhidas 90 amostras, das quais 51 pessoas tinham um rendimento anual até 25 000 rupias (ou seja, 56,7%), 36 pessoas com um rendimento anual de 25 000 rupias a 75 000 rupias (ou seja, 40%) e as restantes 3 pessoas com um rendimento de 75 000 rupias a 1 25 000 rupias (ou seja, 3,3%).

Pode concluir-se que a maioria (56,7%) dos inquiridos tinha um nível de rendimento até 25 000 rupias por ano.

Uma vez que a maioria dos inquiridos pertencia à categoria de agricultores marginais e pequenos agricultores e a sua principal ocupação era a agricultura, o seu nível de rendimento também seria baixo.

Esta constatação está em contradição com as conclusões de Anandaraja (2002), que referiu que a maioria (72,00%) dos inquiridos ganhava mais de vinte e cinco mil rupias por ano.

4.1.5. Estatuto académico

O estatuto educativo foi operacionalizado como a capacidade dos agricultores para ler e escrever ou o grau de educação formal que possuíam no momento do inquérito. O procedimento de pontuação seguido por Lakshmana (2000) foi utilizado com as modificações necessárias.

Tabela 8. Distribuição dos inquiridos de acordo com o seu nível de escolaridade

(n=90)

S. Não.	Nível de educação	Número	Percentagem
1	Analfabeto	3	3.3
2	Literacia funcional	2	2.2
3	Ensino primário	1	1.1
4	Ensino Médio	20	22.2
5	Ensino secundário	18	20.0
6	Ensino Secundário Superior	33	36.7
7	Colegial	13	14.4

Observa-se na tabela 8 e na figura 7 que 36,7% dos inquiridos tinham formação até ao ensino secundário superior, 22,2% das pessoas tinham formação até ao ensino médio, 20,0% tinham o ensino secundário, 14,4% tinham o ensino superior, 3,3% eram analfabetos, 2,2% tinham alfabetização funcional e 1,1% tinham formação até ao ensino médio. A partir dos resultados acima apresentados, pode verificar-se que a maioria dos inquiridos tem formação, variando a sua formação entre o ensino superior e o ensino médio.

Uma vez que os inquiridos com habilitações académicas estão conscientes do potencial das modernas tecnologias da informação e podem operar facilmente os computadores, os inquiridos com habilitações académicas mostram vontade de se inscrever em esquemas como o e-velanmai.

Esta constatação está em contradição com as conclusões de Anandaraja (2002), que referiu que a maioria dos inquiridos possuía um nível de ensino secundário.

4.1.6.   Exposição nos meios de comunicação social

Os meios de comunicação social desempenham um papel importante na transferência de tecnologias agrícolas. Por conseguinte, seria útil conhecer a exposição dos inquiridos aos meios de comunicação social.

Os resultados são apresentados no quadro 9

Quadro 9. Distribuição dos inquiridos de acordo com a sua exposição aos meios de comunicação social

(n=90)

S. Não	Fontes de informação agrícola	Contactado	
		Número	Percentagem
1	Televisão	82	91.1
2	Jornal	72	80
3	Rádio	66	73.3

20

4	Revista	28	31.1
5	Boletins	19	21.1
6	Computador	10	11.1
7	Internet	10	11.1

A partir da tabela 9, observa-se que 91,1% dos inquiridos utilizaram a televisão, 80% dos inquiridos utilizaram o jornal, 73,3% a rádio, 31,1% a revista, 21,1% os boletins, o computador foi utilizado por 11,1% e a Internet pela mesma proporção de inquiridos.

A partir dos resultados, pode concluir-se que a televisão, o jornal e a rádio eram mais populares entre os inquiridos. A televisão, o jornal e a rádio foram os meios de comunicação social utilizados regularmente para adquirir conhecimentos sobre agricultura no seu quotidiano.

4.1.6.1. Nível de exposição aos meios de comunicação social

Quadro 10. Distribuição dos inquiridos de acordo com o seu nível de exposição aos meios de comunicação social

(n=90)

S. Não.	Categoria	Número	Percentagem
1	Baixa	29	32.2
2	Médio	31	34.4
3	Elevado	30	33.3

O Quadro 10 mostra que 34,00% dos inquiridos tinham um nível elevado de exposição aos meios de comunicação social, seguido de perto pelos níveis médio e baixo de exposição aos meios de comunicação social, com 33,3% e 32,2%, respetivamente. Pode concluir-se que os inquiridos têm um nível médio de exposição aos meios de comunicação social.

Esta conclusão está em consonância com as conclusões de Shakthi (2002), que referiu que a maioria dos inquiridos tinha um nível médio de exposição aos meios de comunicação social.

4.1.7. Formações frequentadas

A e-velanmai conduziu vários programas de formação técnica para os agricultores membros da e-velanmai inscritos no regime. A opinião dos membros da e-velanmai foi inquirida relativamente à sua participação em vários seminários organizados para seu benefício.

Tabela 11. Opinião dos agricultores sobre a participação em seminários técnicos

(n=60)

S. Não.	Categoria	Número	Percentagem
1	Sim	46	76.7
2	Não	14	23.3

A partir do quadro 11, observa-se que 46 agricultores inscritos no e-velanmai participaram em seminários técnicos, ou seja, 76,7%, enquanto 23,3% dos agricultores não participaram em nenhum seminário técnico.

4.1.8. Propriedade de computadores

A distribuição dos inquiridos (membros do e-velanmai) de acordo com a posse de computador é apresentada no Quadro 12

Tabela 12. Distribuição dos inquiridos de acordo com a posse de computador

(n=60)

Sl. Não.	Categoria	Número	Percentagem
1	Propriedade	5	8.3
2	Não possui	55	91.7

No que diz respeito à posse de computadores, verificou-se que apenas (58,3%) dos inquiridos possuíam computadores e os restantes 55 membros (91,7%) não possuíam computadores. Isto pode ser atribuído ao elevado custo dos computadores, que os agricultores não podem pagar atualmente, uma vez que são considerados um artigo de luxo, mas com o passar do tempo, quando a extensão cibernética se tornou a ordem do dia, os computadores podem ser acessíveis a todos. O baixo nível de sensibilização para a aplicação dos computadores na vida quotidiana pode ser a razão.

4.1.9. Conhecimentos de informática

Sem conhecimentos práticos sobre computadores, o computador não pode ser utilizado. Tendo isto em conta, foram estudados os conhecimentos de informática dos inquiridos (membros do e-velanmai) e os resultados são apresentados no Quadro 13

Tabela 13. Distribuição dos inquiridos de acordo com os seus conhecimentos de informática

(n=60)

Sl. Não.	Categoria	Número	Percentagem
1	Conhecimentos práticos	10	16.66
2	Conhecimentos práticos não possuídos	50	83.33

Uma análise dos conhecimentos práticos sobre computadores revelou que a esmagadora maioria (83,33%) não tinha conhecimentos práticos sobre computadores, seguida de uma percentagem escassa (16,66%) que tinha conhecimentos práticos sobre computadores, o que pode ser atribuído ao facto de os agricultores terem pouco acesso a instalações informáticas na aldeia.

Isso poderia ser melhorado se as instituições da aldeia, como escolas e panchayats, instalassem computadores comunitários. O baixo nível de sensibilização para a aplicação de computadores e a inexistência de centros de formação em informática a nível da aldeia podem ser a razão para o baixo nível de conhecimentos práticos.

4.1.10. Formação informática efectuada

A formação é um processo de comunicação planeado, que visa essencialmente fornecer as competências, os conhecimentos e as atitudes de acordo com objectivos específicos relacionados com o padrão de comportamento desejado. Assim, os pormenores relativos às acções de formação em informática realizadas e a correspondente distribuição de frequências são apresentados na Tabela 14.

Tabela 14. Distribuição dos membros do e-velanmai de acordo com as acções de formação que receberam

(n=60)

Sl. Não.	Categoria	Número	Percentagem
1	Formação informática efectuada	10	16.66
2	Formação informática não efectuada	50	83.33

A tabela 14 permite inferir que a grande maioria dos inquiridos (83,33%) não recebeu qualquer formação em informática. Apenas (16,66%) dos inquiridos receberam formação.

Atualmente, a população rural tem a sensação de que os conhecimentos informáticos são essenciais para a vida quotidiana. Este pensamento teria influenciado 16,66% dos inquiridos a seguir uma formação em informática. Esta conclusão está em conformidade com as conclusões de Anandaraja (2002).

4.1.11. Contacto da agência de extensão

O contacto com as agências de extensão é importante para obter informações sobre novas tecnologias. Considerando esta importância, o contacto dos inquiridos com as agências de extensão foi estudado e os resultados são apresentados no Quadro 15.

Tabela 15. Nível de contacto com as agências de extensão

(n=60)

S. Não.	Categoria	Número	Percentagem
1.	Baixa	55	91.66
2.	Médio	5	8.33
3.	Elevado	0	0

O quadro 15 acima revela que 91,66% dos agricultores têm um nível baixo de contacto com as agências de extensão, seguido de 8,33% dos agricultores que têm um nível médio de contacto com as agências de extensão e nenhum agricultor tem um nível elevado de contacto com as agências de extensão. A partir dos resultados, pode-se concluir que o baixo nível de contacto com as agências de extensão é predominante entre os inquiridos. Pode afirmar-se que o nível de contacto das agências de extensão com os agricultores na área de estudo é quase insignificante.

Tabela 16. Nível de satisfação com a tecnologia transferida pelo pessoal da agência de extensão

(n=60)

Sl. Não.	Categoria	Número	Percentagem
1	Muito satisfeito	0	0.00
2	Satisfeito	0	0.00
3	Não satisfeito	60	100.00

A tabela 16 revelou que todos os agricultores não estavam satisfeitos com a tecnologia transferida pela agência de extensão. A partir desta constatação, pode-se concluir que os agricultores não estavam satisfeitos com a tecnologia transferida pelo Departamento de Agricultura do Estado. A razão desta insatisfação deve-se à ausência total de visitas/contactos com os agricultores por parte dos extensionistas.

4.1.12. Orientação científica

A utilização de novas tecnologias depende muito da orientação científica do inquirido. Se os agricultores tiverem uma orientação científica elevada, a adoção das tecnologias mais recentes será elevada. Tendo isto em mente, foram recolhidos dados sobre a orientação científica dos inquiridos e os resultados são apresentados no Quadro 17.

Tabela 17. Distribuição dos inquiridos de acordo com a sua orientação científica

(n=90)

S.N.	Categoria	Número	Percentagem
1	Baixa	18	20.0
2	Médio	60	66.7
3	Elevado	12	13.3

A partir da tabela 17, é óbvio que a maioria dos inquiridos (66,7%) tinha um nível médio de orientação científica, seguido de níveis baixos (20%) e (13,3%) de orientação científica.

Assim, os resultados revelam que a maioria dos inquiridos (66,7%) tinha um nível médio de orientação científica. Verificou-se que a dimensão da exploração agrícola e a orientação científica têm uma relação positiva significativa.

Pode concluir-se que a maioria dos inquiridos (36,7%) tem um elevado nível de orientação científica. A maioria dos inquiridos tinha um estatuto de ensino secundário mais elevado, o que pode ter sido a razão possível para ter um elevado nível de orientação científica. Os resultados estão em consonância com os resultados de Sakthi (2002), que referiu um nível médio de orientação científica na maioria dos inquiridos.

4.2. Opinião dos agricultores sobre a renovação da quotização no e-velanmai (comportamento de vontade de pagar)

Tabela 18. Distribuição dos inquiridos de acordo com a sua vontade de renovar a adesão

(n=60)

Sl. Não.	Categoria	Número	Percentagem
1	Com base na necessidade	8	13.3
2	Continuar a ser membro	52	86.7
3	Descontinuar	0	0.00

A partir da tabela 18, a maioria dos agricultores e-velanmai estavam dispostos a continuar a ser membros durante toda a sua vida 86,7% e 13,3% estavam dispostos a pagar com base nas suas necessidades. Nenhum deles estava disposto a interromper o seu estatuto de membro. A partir destes resultados, concluímos que todos os agricultores estavam dispostos a continuar a ser membros porque a taxa de inscrição é baixa e os benefícios obtidos através do esquema em termos de acesso à tecnologia eram elevados.

4.2.1. Disponibilidade para pagar anualmente para ter acesso aos serviços de extensão oferecidos pela Secretaria de Estado da Agricultura

Quadro 19. Disponibilidade dos agricultores para pagar pelos serviços públicos de extensão

(n=60)

S.N.	Categoria	Número	Percentagem
1	Sim	0	0.00
2	Não	60	100.00

O quadro 19 mostra claramente que nenhum dos agricultores estava disposto a pagar anualmente para aceder ao serviço de extensão oferecido pela Direção-Geral da Agricultura com base no sistema de extensão T&V. A partir desta constatação, podemos concluir que nenhum agricultor estava disposto a pagar anualmente para ter acesso aos serviços de extensão oferecidos pela Direção-Geral da Agricultura segundo o sistema de T&V. Uma vez que o modo de transferência de tecnologia pelo departamento estadual de agricultura não beneficiava os agricultores nem mesmo para ter acesso pessoal como técnico.

4.2.2. Disposição para pagar anualmente para aceder aos serviços de extensão através do modo e- velanmai.

Quadro 20. Respostas dos agricultores sobre a disponibilidade para pagar no âmbito do e-velanmai

(n=60)

Sl. Não.	Categoria	Número	Percentagem
1	Anualmente	35	58.3
2	Adesão a longo prazo	25	41.6

A partir da tabela 20, a maioria dos agricultores de e-velanmai estava disposta a pagar anualmente para aceder aos serviços de extensão através do método de extensão baseado nas TIC, ou seja, e-velanmai, com uma quota de 58,3% e 41,6% dos agricultores dispostos a pagar anualmente e a longo prazo a adesão a e-velanmai.

A maioria dos agricultores estava disposta a pagar anualmente para aceder aos serviços de extensão através do e-velanmai. A maioria dos agricultores estava disposta a pagar Rs.300 por uma assinatura anual.

4.3. Sensibilização para o regime e-velanmai

A sensibilização para o programa e-velanmai foi estudada entre os não membros do programa e-velanmai selecionados que também eram membros das WUAs selecionadas.

Tabela 21. Distribuição dos inquiridos de acordo com o seu conhecimento do regime e-velanmai.

(n=30)

Sl. Não	Categoria	Número	Percentagem
1	Consciente	20	66.7
2	Sem conhecimento	10	33.3

A partir desta tabela 21, a maioria dos agricultores (não-membros do esquema e-velanmai) tinha conhecimento do esquema e-velanmai, ou seja, 66,7%, enquanto 33,3% não tinham conhecimento do esquema. Estes resultados mostram claramente que a maior parte dos agricultores tinha conhecimento do programa.

As visitas frequentes dos coordenadores no terreno e a organização frequente de seminários técnicos e campanhas de sensibilização nas aldeias foram as razões para a sensibilização dos outros agricultores da zona de estudo. Esta pode ser uma razão para a sensibilização para o regime e-velanmai.

4.3.1. Disponibilidade dos agricultores não inscritos para se tornarem membros do e-velanmai

Depois de ouvir os benefícios e as recomendações do e-velanmai, quase todos os agricultores (100%) mostraram-se dispostos a aderir ao esquema e-velanmai e a tornar esta nova ideia muito bem sucedida.

4.4. Razões para não adotar as tecnologias recebidas

Observou-se que entre 60 agricultores, 42 agricultores (72%) tinham adotado os conselhos dados através do e-velanmai e 18 agricultores (30%) não tinham adotado os conselhos recebidos através do esquema e-velanmai. As razões para a não adoção foram inquiridas junto destes não adoptantes e os resultados são apresentados no Quadro 22.

Tabela 22. Razões para não adotar as tecnologias recebidas

n=18)

Sl. Não.	Razões para não adotar	Número	Percentagem
1	Não recomendado pesticidas mais recentes	8	44.44
2	Satisfeito com o atual método de cultivo	5	27.77
3	Não estão preparados para adotar novas tecnologias	3	16.66
4	Menor sensibilização para as tecnologias mais recentes	2	11.11

A partir do quadro 22, pode observar-se que a maioria dos inquiridos (44,44%) considera que os pesticidas mais recentes não são recomendados, enquanto 27,77% dos agricultores estão satisfeitos com o método de cultivo existente, sendo que 16,66% dos agricultores consideram que não estão preparados para adotar novas tecnologias, enquanto 11,11% afirmam que há menos sensibilização para o sucesso das tecnologias mais recentes a nível do terreno.

A partir desta constatação, pode inferir-se que a maioria dos inquiridos (44,44%) afirmou que os peritos não recomendavam os pesticidas mais recentes lançados no mercado e que esta era a principal razão para não adotar as tecnologias recebidas.

4.5. Benefícios e expectativas dos agricultores em relação ao modelo "e- velanmai" de transferência de tecnologia

As expectativas dos membros do esquema e-velanmai foram questionadas relativamente às actividades do e-velanmai e aos seus serviços para os inquiridos. Os resultados são apresentados no Quadro 23.

Tabela 23. Distribuição dos inquiridos de acordo com os seus benefícios e expectativas

(n=60)

Sl. Não.	Benefícios	Sim	
		Número	Por cento
1	Acolhimento do regime e-velanmai para uma melhor adoção das tecnologias agrícolas	58	96.6
2	A tecnologia fornecida à porta da exploração é útil	57	95
3	A e-velanmai é fiável para resolver problemas específicos das explorações agrícolas	55	91.6

A partir deste quadro 23, a maioria dos agricultores acolheu favoravelmente o esquema e-velanmai para uma melhor adoção de tecnologias agrícolas, com uma percentagem impressionante de 96,6%, seguida de perto pela utilidade da tecnologia fornecida à porta da exploração, com 95%, e 91,6% dos agricultores acreditavam que o e-velanmai é fiável para resolver problemas específicos da exploração.

4.6. Vantagens e problemas percebidos pelos agricultores no e-velanmai

Tabela 24. Distribuição dos inquiridos de acordo com as vantagens percebidas

(n=60)

Sl. Não.	Benefícios percebidos	Concordar	
		Número	Percentagem
1	Poupa tempo e dinheiro ao agricultor, uma vez que os conselhos são entregues à porta da exploração	51	85.0
2	Capaz de controlar eficazmente a praga	49	81.7
3	Prestação de contas dos conselhos de extensão dados pelos peritos, uma vez que os conselhos foram registados no cartão	45	75.0
4	Redução dos custos de cultivo graças aos conselhos do e-velanmai	43	71.6
5	Os conselhos são adequados para resolver os problemas das explorações agrícolas	40	66.7
6	É possível obter uma agricultura rentável devido à poupança na utilização de factores de produção	37	61.7

Os agricultores sentiram enormes vantagens com o e-velanmai.

Os seus benefícios foram examinados e apresentados da seguinte forma.

A partir desta tabela 24, a maioria dos agricultores (85%) usufruiu dos benefícios de poupar tempo e dinheiro ao agricultor, uma vez que os conselhos foram entregues à porta da exploração, seguido do benefício de controlar eficazmente as pragas (81,7%), 75% dos agricultores foram beneficiados pela responsabilização dos conselhos de extensão dados pelos peritos. Os outros benefícios percebidos foram a poupança de custos de cultivo devido ao e-velanmai, que foi sentida por 71,7% dos inquiridos. 66,7% dos inquiridos beneficiaram dos conselhos para receberem soluções adequadas para as suas explorações, 61,7% beneficiaram de uma agricultura rentável devido à poupança no uso de insumos. A partir destes resultados, pode concluir-se que os agricultores inscritos no e-velanmai usufruíram de vários benefícios.

4.6.1. Problemas enfrentados pelos agricultores no método de extensão e-velanmai

Quadro 25. Opinião dos agricultores sobre o método de extensão e-velanmai

(n=60)

Sl. Não.	Problemas	Número	Percentagem
1	Sim	11	18.3
2	Não	49	81.7

O quadro 25 revela que a maioria dos agricultores, 81,7%, não teve qualquer dificuldade em aceder a conselhos agrícolas através do modo e-velanmai, enquanto 18,3% tiveram alguns problemas em aceder a conselhos agrícolas através do modo e-velanmai.

4.6.2. Nível satisfatório do serviço de extensão através do e-velanmai

Tabela 26. Distribuição dos inquiridos de acordo com o seu nível de satisfação com o e-velanmai

(n=60)

Sl. Não	Categoria	Número	Percentagem
1	Muito satisfeito	17	28.3
2	Satisfeito	43	71.7
3	Nunca satisfeito	0	0.00

A tabela 26 mostra que uma grande percentagem (71,7%) dos inquiridos está satisfeita, enquanto que (28,3%) dos agricultores estão muito satisfeitos, não havendo queixas de insatisfação em relação aos serviços de extensão oferecidos através do e-velanmai.

A partir destas constatações, pode concluir-se que todos os agricultores estão satisfeitos com os serviços de extensão do e-velanmai, talvez devido ao seu contacto frequente e aos conselhos atempados prestados aos agricultores.

4.6.3. Razões para a satisfação

Tabela 27. Factores de satisfação percebidos através do e-velanmai

(n=60)

Sl. Não.	Razões	Número	Percentagem
1	Poupança de tempo e dinheiro	52	86.7
2	Credibilidade da informação	45	75.0
3	Responsabilização dos conselhos de extensão	45	75.0
4	A agricultura rentável foi alcançada	32	53.3

A partir do quadro 27, pode observar-se que a maioria dos agricultores está muito satisfeita (86,7%) porque ajudou a poupar tempo e dinheiro, seguido da credibilidade da informação e da responsabilidade do aconselhamento (75%), mais de metade (53%) dos agricultores disse que a agricultura rentável foi alcançada.

A partir destas constatações, pode concluir-se que a maioria dos agricultores ficou muito satisfeita com o serviço de extensão através do e- velanmai, porque poupou tempo e dinheiro, para além de oferecer conselhos de extensão credíveis e responsáveis.

4.7. Tempo de retorno do aconselhamento recebido pelos agricultores inscritos no e-velanmai

O tempo de resposta refere-se ao tempo necessário para aceder aos conselhos de extensão dos peritos da TNAU para resolver vários problemas sentidos pelos agricultores através da abordagem e-velanmai. Este é considerado um dos parâmetros para avaliar a abordagem de extensão baseada nas

TIC "e-velanmai".

Observou-se que o carregamento de imagens para os peritos resolverem vários problemas dos agricultores era feito entre as 11 e as 12 horas todos os dias. Os peritos davam diariamente os seus conselhos agrícolas antes das 13:00 horas, que eram divulgados aos agricultores entre as 13:00 e as 15:00 horas. Assim, o tempo de resposta foi estimado em 2 a 4 horas no mesmo dia.

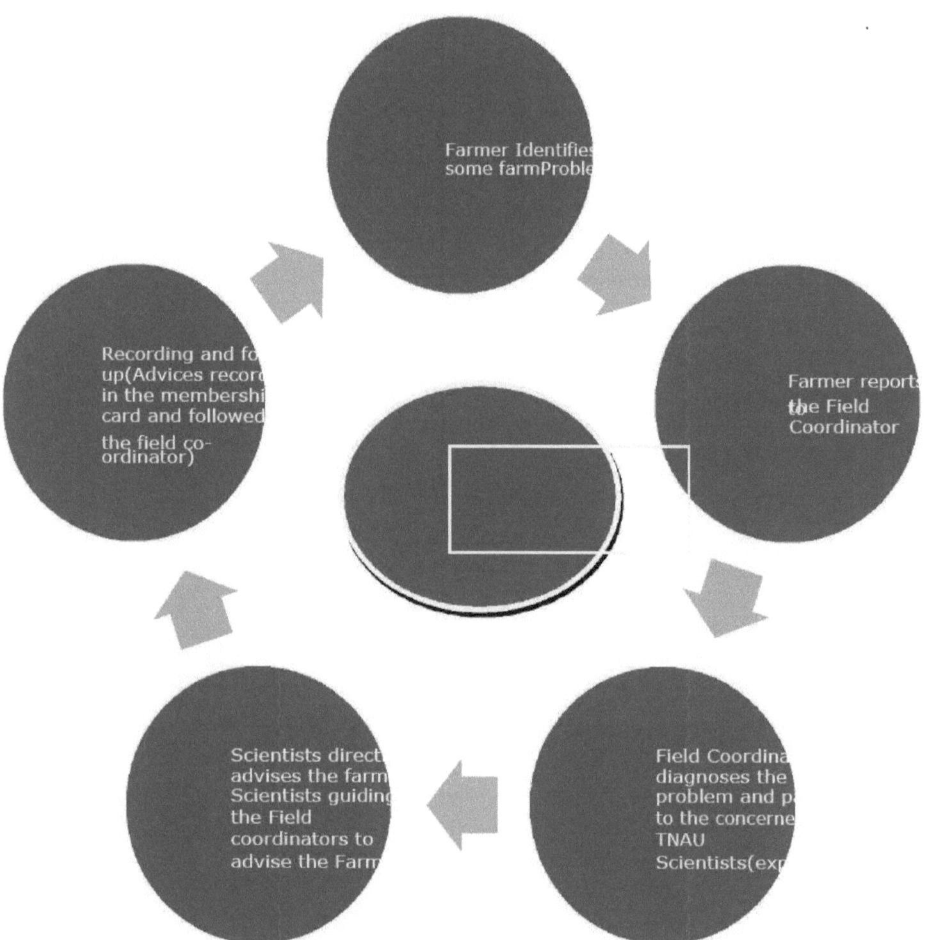

Processo de transferência de tecnologia na e-velanmai

O sistema e-velanmai ajudava os agricultores a resolver vários problemas, pelo que o agricultor podia informar o coordenador no terreno e este ajudava a diagnosticar o problema, transmitindo-o aos cientistas interessados. Estes cientistas aconselhavam diretamente os agricultores ou orientavam os coordenadores no terreno para aconselharem os agricultores. Assim, os agricultores acediam aos conselhos e estes eram registados no cartão de membro e seguidos pelo coordenador de campo para facilitar a adoção dos conselhos. Isto é ilustrado na Fig. 4

Os agricultores podem receber sugestões ou conselhos no prazo de 2-4 horas ou no mesmo dia, o que os ajudará a reagir rapidamente para resolver os seus problemas agrícolas.

4.7.1. Credibilidade dos conselhos oferecidos através do e-velanmai

A perceção do inquirido sobre a credibilidade dos conselhos de extensão oferecidos através do e-velanmai foi recolhida e os resultados são apresentados na Tabela 28

Quadro 28. Opinião dos agricultores sobre os conselhos

(n=60)

Sl. Não.	Categoria	Número	Percentagem
1	Altamente credível	16	26.7
2	Credível	44	73.3
3	Em credível	0	0.00

A partir desta tabela 28, pode observar-se que uma elevada proporção de inquiridos (73,3%) tinha credibilidade e (26,7%) tinha maior credibilidade em relação aos conselhos oferecidos através do e-velanmai e nenhum dos inquiridos sentiu que a informação oferecida era incrível.

A partir desta constatação, pode concluir-se que os conselhos oferecidos através do e-velanmai são credíveis, uma vez que são dados por cientistas da reputada Universidade Agrícola de Tamil Nadu.

4.7.2. Clareza da mensagem transmitida através do e-velanmai

Quadro 29. Clareza da mensagem oferecida pelo e-velanmai

(n=60)

Sl. Não.	Categoria	Número	Percentagem
1	Compreensível	58	96.7
2	Não compreensível	2	3.3

A partir deste quadro 29, pode observar-se que 96,7% dos inquiridos compreenderam claramente a mensagem (conselhos) transmitida através do e-velanmai e 3,3% dos inquiridos não compreenderam a mensagem técnica transmitida.

A partir desta constatação, pode concluir-se que a maior parte dos inquiridos teve uma boa clareza da mensagem transmitida através do e-velanmai. As razões para a clareza da mensagem transmitida através do e-velanmai prendem-se com o facto de a mensagem ter sido transmitida pelo coordenador no terreno à sua exploração agrícola, na sua língua local.

4.7.3. Atualidade do aconselhamento prestado pela e-velanmai

Quadro 30. Satisfação dos agricultores com a atualidade dos conselhos dados através do e-velanmai

(n=60)

Sl. Não.	Categoria	Número	Percentagem
1	Satisfeito	46	76.7
2	Não satisfeito	14	23.3

A partir desta tabela 30, pode observar-se que a maioria dos inquiridos (76,7%) está satisfeita com a oportunidade do aconselhamento dado pelo e-velanmai e 23,4% não está satisfeita com a oportunidade do aconselhamento dado pelo e-velanmai.

A partir dos resultados, pode concluir-se que a maioria dos inquiridos está muito satisfeita com a atualidade dos conselhos dados pelo e-velanmai, porque a mensagem é transmitida no prazo de 2-4 horas

4.7.4. Vantagem relativa do e-velanmai em relação ao método convencional de extensão

Tabela 31. Opinião dos agricultores sobre o e-velanmai em relação ao método convencional de extensão

(n=60)

Sl. Não.	Categoria	Número	Percentagem
1	Sim	60	100
2	Não	0	0

A partir da tabela 31, pode-se observar que quase todos os inquiridos (100%) acreditam que o e-velanmai tem uma vantagem sobre o método convencional de extensão. O fator que diferenciou foi a completa falta de contacto entre os agricultores e o pessoal da extensão na abordagem convencional. A partir desta constatação, pode concluir-se que o e-velanmai é melhor do que o método convencional de extensão em termos de divulgação atempada dos conselhos aos agricultores.

Tabela 32. Razões para as vantagens relativas percebidas no e-velanmai

(n=60)

Sl. Não.	Razões	Número	Percentagem
1	O pessoal da extensão visita os agricultores, enquanto que no método convencional o agricultor costumava visitar o pessoal da extensão	58	96.7
2	Acesso a informações adequadas e específicas da exploração agrícola ao nível da porta da exploração	56	93.3
3	Recomendação rápida e pontual	52	86.7

| 4 | Visitas adequadas ao terreno pelos coordenadores no terreno | 46 | 76.7 |

A partir da tabela 32, pode observar-se que a maioria dos inquiridos, 96,7%, sentiu que a visita do pessoal de extensão às suas explorações agrícolas foi altamente benéfica para os agricultores, enquanto que no método convencional de extensão, os agricultores precisam de os visitar, seguido de 93,3% dos inquiridos sentiram que a informação à porta da exploração os estava a impulsionar muito, enquanto que 86,7% disseram que a recomendação pontual oferecida no e-velanmai os estava a beneficiar muito e 76,7% dos inquiridos sentiram que foi feita uma visita adequada ao campo em comparação com o método convencional.

A partir dos resultados, pode-se concluir que a visita do pessoal da extensão ao seu respetivo local é muito atractiva em comparação com o método convencional.

4.8. Expectativas futuras dos agricultores no e-velanmai

Quadro 33. Expectativas dos agricultores em relação ao e-velanmai

(n=60)

Sl. Não.	Categoria	Sim		Não	
		Número	Percentagem	Número	Percentagem
1	Disponibilidade para receber transferência de tecnologia através do modo e- velanmai para praticar agricultura científica na exploração agrícola	60	100.00	0	0.00
2	Disponibilidade para receber formação sobre qualquer ferramenta ou dispositivo de TIC (computador pessoal, Internet, câmara digital, telemóveis 3G para aceder a tecnologias agrícolas)	47	78.3	13	21.7
3	Disponibilidade para receber formação orientada para as competências técnicas sobre a utilização de ferramentas TIC para a transferência de tecnologias	60	100.00	0	0.00

A partir deste quadro 33, pode observar-se que todos os agricultores (100%) estavam dispostos a receber conselhos através do modo e-velanmai para praticar agricultura científica na sua exploração agrícola, enquanto (78,3%) dos agricultores estavam dispostos a utilizar ferramentas ou dispositivos TIC, e todos os agricultores (100%) estavam dispostos a receber formação orientada para as competências técnicas sobre a utilização de ferramentas TIC para a transferência de tecnologia.

A partir destes resultados, pode concluir-se que a maioria dos agricultores estava disposta a utilizar o modo de transferência de tecnologia e-velanmai e a utilizar ferramentas TIC para a transferência de tecnologia.

4.8.1.   O pessoal de extensão alternativo, para além dos cientistas da TNAU, no âmbito do modo e- velanmai, para prestar aconselhamento agrícola aos agricultores a nível das aldeias

Foi efectuado um inquérito para compreender a substituição do papel dos coordenadores de campo no modo de transferência de tecnologia e-velanmai. Os resultados são apresentados no Quadro 34.

Tabela 34. Preferência dos agricultores pela melhor pessoa alternativa para oferecer conselhos agrícolas no modo e-velanmai.

(n=60)

Sl. Não.	Categoria	Número	Percentagem
1	AAO	24	40.0
2	ONG	20	33.3
3	Jovens da aldeia	12	20.0
4	Comerciantes de entrada	4	6.7

A partir da tabela 34 pode-se concluir que mais de um terço deles (40%) preferem os funcionários da extensão (AAO/AO) que trabalham ao nível do seu bloco/aldeia, seguidos pelas ONGs (33,3%) e pelos jovens da aldeia (20%) como a próxima alternativa, enquanto (6,7%) preferem os comerciantes de insumos como a próxima alternativa de pessoal para oferecer conselhos agrícolas através do modo e-velanmai aos agricultores.

As razões percebidas pelos agricultores para preferirem a AAO/AO para a transferência de tecnologia foi que eles eram funcionários permanentes do governo que eram tecnicamente qualificados e funcionários autorizados da extensão que deveriam servir os agricultores na sua localidade a nível da aldeia numa base de serviço.

4.8.2.   Alterações sugeridas ao atual método de transferência de tecnologia efectuado pela Secretaria de Estado da Agricultura

Foram feitas as seguintes sugestões para melhorar os serviços de extensão prestados pela Secretaria de Estado da Agricultura

1)   Os peritos agrícolas do governo devem assumir a responsabilidade pela transferência de tecnologia através da abordagem e-velanmai, utilizando ferramentas TIC.

2)   Os funcionários agrícolas de nível hierárquico podem dar conselhos técnicos aos agricultores utilizando regularmente o portal agrícola da TNAU.

3)   Os agricultores devem receber recomendações rápidas e pontuais com a ajuda de aparelhos electrónicos modernos para uma transferência de tecnologia eficaz. Todo o pessoal de campo pode dispor de telemóveis com câmara para dar conselhos agrícolas aos agricultores.

4)   Os funcionários agrícolas podem assumir o papel de peritos agrícolas para dar conselhos com base em imagens digitais enviadas pela AAO tiradas dos campos dos agricultores.

5) Os extensionistas e os agricultores devem receber formação sobre o manuseamento das ferramentas TIC, a fim de melhorar as suas competências neste domínio.

6) Deve ser efectuado um acompanhamento adequado após a transferência de tecnologia para os agricultores.

4.10. ESTUDOS DE CASOS

Documentação da experiência dos agricultores com a abordagem de extensão e-velanmai

O estudo de casos é um instrumento eficaz para analisar a astúcia do sistema e-velanmai entre os agricultores. O estudo de caso abre caminho para descobrir os problemas que os agricultores enfrentam em tempo real e ajuda a descrever em que medida esse problema pode ser ultrapassado, através dos benefícios do método e-velanmai. Além disso, o estudo de caso serve de espelho para descobrir as ideias inovadoras relativas ao desenvolvimento do sistema.

Estudo de caso 1

Sub-bacia   : Aliyar
Nome do agricultor   : Sr. K. Rathinasamy Gounder,
Aldeia   : Kariyanchettipalayam
Distrito   : Coimbatore

K.Rathinasamy Gounder, (S/o.Kulandaivel Gounder), de 55 anos de idade, é um importante agricultor marginal com 4 acres de terra cultivada na aldeia de Kariyanchettipalayam, Kambalapatti Water Uses Association, Anamalai Block, Pollachi Taluk. Dedica-se ao cultivo do coco há mais de 10 anos. Uma vez que é um agricultor e-velanmai desde junho de 2008, a sua exploração está abrangida pelo regime e-velanmai de aconselhamento técnico. Embora tenha adquirido uma experiência muito boa no cultivo de cocos, deparou-se com graves danos no tronco da árvore, como furos e escorrimento de líquidos. O problema foi levado pelo agricultor ao conhecimento do coordenador no terreno.

O coordenador de campo visitou o campo e, ao ver os sintomas, confirmou que os danos eram devidos ao gorgulho vermelho da palmeira. Para confirmação e recomendação adicionais, foram registadas imagens digitais e enviadas ao especialista na matéria (e- velanmai) da TNAU. Os cientistas confirmaram que os coqueiros estavam infestados com o gorgulho da palmeira vermelha (durante o mês de fevereiro de 2010). Os sintomas registados por eles foram os seguintes

1. Fazer furos no tronco da árvore

2. Escorrimento castanho-avermelhado dos furos.

3. O rebento central dá sinais de murchar

4. Foram observados excrementos de insectos à volta dos furos.

As recomendações propostas foram as seguintes:

A parte infestada deve ser retirada com uma colher.

Deitar uma pastilha de celfos (fosforeto de alumínio) dentro dos furos. Tapar os furos com cimento.

O agricultor apreciou o processo de transferência de tecnologia através do e-velanmai porque é muito simples e útil, bastando um telefonema para resolver os seus problemas agrícolas.

Estudo de caso 2

Sub-bacia	: Aliyar
Nome do agricultor	: Sr. C.Palanisamy,
Aldeia	: Mannur
Distrito	: Coimbatore

O Sr. C. Palanisamy, de 53 anos de idade, é um dos principais agricultores de MANNUR, aldeia, Associação de Utilizadores de Água de Thimmankuthu, bloco de Pollachi. Tem 10 acres de terra de jardim, cultivando cocos desde há 30 anos. A sua quinta tem solo vermelho e é adequada para o cultivo de feijão-frade e de coco. Tem bons contactos com a agência de extensão e conhecimentos sobre o manuseamento de ferramentas TIC. Descobriu que os campos estavam infectados com a doença Basal Stem End Rot. Não estava seguro das medidas de controlo. Tirou algumas fotografias com os sintomas e enviou-as ao cientista do CRS, Aliyar, por correio eletrónico. O cientista, depois de confirmar os sintomas da doença, recomendou as medidas de controlo ao agricultor por correio eletrónico e as recomendações foram as seguintes

Fazer uma trincheira de isolamento, a 4 pés de distância do tronco e a uma profundidade de 3 pés. No interior da trincheira, aplicar enxofre inorgânico (pó de enxofre) 200g/árvore. Aplicar no solo uma calda bordalesa a 1% 40 l/árvore

ou

Injeção no tronco com 3ml de tridemorph (calaxin), fazer um buraco de 10cm no tronco 3 pés acima do nível do solo usando um trado e injetar o produto químico acima mencionado. Tapar o buraco com cimento e seguir o procedimento uma vez num intervalo de 3 meses.

Devido ao rápido acesso às medidas de controlo da doença, o agricultor conseguiu controlar a doença imediatamente. Uma vez que as recomendações foram dadas atempadamente através do e-velanmai, o agricultor apreciou o método de extensão e a sua utilidade.

Estudo de caso 3

Sub-bacia	: Aliyar
Nome do agricultor	: Sra. Nithya
Aldeia	: T.Nallikoundanpalayam

A Sra. Nithya, de 35 anos, era uma das principais agricultoras da aldeia de T. Nallikoundan Palayam, cultivando bananas nos seus 2 acres de terra. No seu campo, deparou-se com a murcha do panamá. Aplicou muitos produtos químicos sem ter em conta os nossos cientistas da TNAU. A doença não foi controlada. O coordenador de campo visitou e inspeccionou o campo, tirou algumas fotografias e enviou-as aos cientistas da TNAU no local, utilizando um computador portátil e um modem. O cientista diagnosticou prontamente os sintomas da doença e recomendou as medidas de gestão nesse preciso momento.

As recomendações do cientista foram:

1.   Retirar a terra da base do pseudocaule e expor a ponta do cormo.

2.   Fazer um furo a uma profundidade de 10 cm num ângulo de 45 graus com uma chave de fendas de 7 mm sem afetar a parte em crescimento.

3.   Injetar imediatamente 3 ml de carbendazim a 2%.

Dissolver 2 g de carbendazim em 100 ml de água, o que dá 2%.

Como a informação foi acedida rapidamente a tempo, o agricultor conseguiu controlar 80% das plantas da doença.

<h3 style="text-align:center">Estudo de caso 4</h3>

Sub-bacia	: Aliyar
Nome do agricultor	: B.Narayanasamy
Aldeia	: Thimmankuthu
Distrito	: Coimbatore

B. Narayanasamy, (filho de Balasubramani), de 39 anos de idade, possui 3,5 acres de terra de cultivo. Há 15 anos que cultiva cocos nas suas terras de cultivo. Em dezembro de 2008, aderiu ao regime e-velanmai. Costumava participar em seminários técnicos organizados no âmbito do regime e-velanmai. Um dos seminários organizados é sobre a alimentação tónica das raízes do coqueiro. Ele implementou esta tecnologia na sua exploração agrícola e obteve melhores resultados. Alguns dos benefícios da alimentação com raiz tónica de coco são enumerados a seguir,

•   Aumenta o rendimento do coco, fornecendo nutrientes de crescimento e hormonas de crescimento através da alimentação das raízes.

•   Melhora o número de frutos secos por árvore

•   Melhora o teor de clorofila das folhas

•   Melhora o número de folhas por árvore

•   Controla os excrementos dos botões de coco

* Aumenta o peso da Copra

* Melhora a resistência da árvore às condições climáticas adversas, às pragas de insectos e às doenças

* Aumenta a absorção de outros nutrientes pelas plantas.

O agricultor sente-se feliz por ser membro do programa e-velanmai, uma vez que beneficia de aconselhamento atempado e poupa na utilização de factores de produção.

Estudo de caso 5

Sub-bacia	: Aliyar
Nome do agricultor	: A.Kannappan,
Aldeia	: Sellandi koundan pudur
Distrito	: Coimbatore

Sr. A. Kannappan, (S/o, Sr. Appachi Gounder), de 45 anos de idade, com 8 acres de terra de jardim na aldeia de Sellandi koundan pudur, Devam Padivalasu Water Users Association, Pollachi Taluk. Tem uma experiência agrícola de mais de 18 anos. Em junho de 2008, aderiu ao regime e-velanmai. Notou uma descoloração castanha em algumas partes da casca dos coqueiros e também nos galpões de botões. Devido a este facto, a percentagem de árvores que se fixam é baixa. Como é membro da e-velanmai, contactou os coordenadores no terreno para o ajudarem nesta questão. Os coordenadores de campo actuaram rapidamente, tiraram uma fotografia dos sintomas e enviaram-na aos cientistas da TNAU. Depois de receberem a resposta do cientista com a recomendação para aquela doença específica, os coordenadores de campo deram o conselho ao agricultor.

Recomendações:

Nome da praga : Ácaro Eriófito

1. Adoção de medidas fitossanitárias nos coqueiros, como a limpeza da coroa da palmeira, a manutenção da plantação limpa e a queima de todos os frutos imaturos caídos devido à infestação de ácaros.

2. Pulverização de biopesticidas nos cachos

a) 2% de óleo de neem - emulsão de alho (20ml de óleo de neem + 20g de alho + 5g de sabão em barra em 1 litro de água). A emulsão tem de ser preparada no próprio dia da aplicação.

b) Outros pesticidas à base de neem a 0,004% (Azadiractina). Se a formulação do pesticida contiver 1% de Azadirachtin, devem ser usados 4 ml em 1 litro de água. Sempre que a pulverização for difícil, pode recorrer-se à alimentação das raízes com a formulação de Azadiractina 5% (7,5 ml + 7,5 ml de água) ou com a formulação de Azadiractina 1% (10 ml + 10 ml de água).

3. A pulverização deve ser efectuada 3 vezes por ano - dezembro-fevereiro, abril-junho e setembro-

outubro. Durante a pulverização, deve-se assegurar que o líquido de pulverização caia sobre a região do perianto, especialmente nos botões e nos frutos tenros. Em média, são necessários 1-1,5 litros de líquido de pulverização por palmeira. Deve-se ter o cuidado de colher os cachos maduros antes da pulverização.

4.   Podem também ser adoptadas as seguintes práticas de cuidados com a palma da mão.

a.   Reciclagem da biomassa gerada no sistema de cocos através do método de compostagem vermi ou da utilização de fungos que degradam a lenhina.

b.   Cultivo de culturas de adubo verde nas bacias de coco (como sunhemp, cowpea, calapagonium, etc.) e incorporação no solo na própria bacia, que actuam como cobertura vegetal durante o verão e se decompõem lentamente, fornecendo nutrientes quando incorporados no solo.

c.   Aplicação das doses recomendadas de fertilizantes, em duas doses fraccionadas, de acordo com o pacote de práticas em vigor nos respectivos Estados.

d.   Nível de irrigação recomendado durante os meses de verão, ou seja, 250-500 litros de água por árvore e por semana (com base na evapotranspiração da zona em causa).

e.   Conservação da humidade do solo através dos seguintes métodos.

i.   Enterramento da casca de coco na bacia.

ii.   Cobertura vegetal das bacias (2 m de raio) com folhas de coqueiro/estrume verde / adubo verde de folhas.

iii.   Cobertura vegetal com medula de coco sempre que disponível (2 m de raio).

O agricultor recebeu conselhos precisos à porta da sua exploração num curto espaço de tempo, o que acabou por o ajudar a aumentar o rendimento e o lucro.

Estudo de caso 6

Sub-bacia   : Palar
Nome do agricultor   : S.Chinusamy Gounder
Aldeia   : Kelaku thottam
Distrito   : Tirupur

O Sr. Chinnusamy Gounder, de 35 anos de idade, é um dos principais agricultores do distrito de Tirupur, possuindo 6,5 acres de terra de jardim, cultivando coco e banana nos últimos 10 anos. Neste campo de bananeiras, ele apresenta os seguintes sintomas

Sintomas:

•   Os sintomas iniciais aparecem nas folhas mais velhas como um amarelecimento caraterístico que acaba por murchar, quebrar o pecíolo e ficar pendurado ao longo do pseudocaule.

•   As folhas jovens podem não secar imediatamente, mas estão erectas e também são afectadas mais tarde. Se for grave, toda a folhagem murcha em 2-3 dias

• Também se observam fendas no pseudo-caule e descoloração da região vascular no rizoma.

• Os fios individuais parecem amarelos, para além de se verem também pontos e estrias vermelhas ou castanhas.

• A divisão longitudinal do pseudocaule, o cheiro a peixe podre quando cortado, o atrofiamento das plantas, a murchidão e a morte dos rebentos são outros sintomas da doença.

Quando os coordenadores de campo visitaram o seu campo, ele pediu-lhes que o ajudassem a ultrapassar este problema. Os coordenadores de campo tiraram fotografias dos sintomas com a utilização de uma câmara digital (ferramenta TIC) e enviaram essas fotografias aos cientistas por correio eletrónico para obterem os pormenores e recomendações para esse sintoma específico. Como as ferramentas modernas de TIC são utilizadas neste esquema e-velanmai, é uma questão de 2 a 3 horas para obter os dados valiosos dos cientistas especializados. Os coordenadores de campo actuaram como mediadores entre os agricultores e os cientistas e aconselharam o agricultor com base nas recomendações dos cientistas.

Recomendações:

Nome da doença: Mal do Panamá ou Murchidão da Bananeira: Fusarium oxysporum f. sp. Cúbense

• Seleção de rebentos saudáveis, evitando ferimentos nas raízes

• As plantas doentes devem ser arrancadas e queimadas.

• Os solos altamente infectados não devem ser replantados com bananeiras, pelo menos durante 3-4 anos.

• Recomenda-se a utilização de material de plantação isento de doenças e de uma cultivar resistente.

• Outras medidas incluem a utilização de cal viva perto da base da planta e a imersão em água.

• A aplicação de cal nas covas infestadas e a imersão dos rebentos em carbendazime 1 gl/I antes da plantação, seguida de uma pulverização bimestral a partir de 6 meses após a plantação, são práticas de gestão eficazes

• No entanto, uma vez que o solo esteja geralmente infestado, não existe um método económico para reduzir a população do agente patogénico a um nível que permita obter mais de duas ou três colheitas de uma cultivar suscetível.

O agricultor obtém a informação certa da pessoa certa no momento certo, o que o deixa encantado enquanto membro da e-velanmai.

Estudo de caso 7

Sub-bacia	: Palar
Nome do agricultor	: Soundarrajan
Aldeia	: Chenjeri
Distrito	: Tirupur

O Sr. Soundarrajan tem formação académica (ensino secundário superior) e é um dos principais agricultores do bloco de Palladam, possuindo 4 acres de terra de jardim e cultivando coco e banana nos últimos 28 anos. Embora seja pioneiro no cultivo de bananas, encontrou dificuldades em controlar algumas pragas. Decidiu, por isso, transmitir esses problemas ao cientista, para o que tirou fotografias digitais dos sintomas e enviou-as por correio eletrónico ao cientista. Depois de receber a fotografia dos sintomas, o cientista confirmou que a praga é a Mancha da Folha ou Doença da Sigataka

Os sintomas que os cientistas receberam são,

• As manchas concentram-se nos bordos das folhas.

• As estrias aumentam e formam pequenas manchas fusiformes ou oculares com centro acinzentado e bordos castanho-escuros ou pretos e auréola clorótica à sua volta.

• A doença aparece primeiro como estrias amarelo-pálidas ou amarelo-esverdeadas que correm paralelamente às nervuras da folha em ambas as superfícies da folha.

• As folhas apresentam um aspeto queimado, os pecíolos caem e as folhas pendem do pseudocaule. Se for grave, a maturidade do cacho é afetada.

• As plantas precocemente doentes produzem frutos fracos.

As recomendações dos cientistas são as seguintes,

• Remoção das folhas infectadas e queima.

• A drenagem adequada, o espaçamento e a gestão das ervas daninhas são muito

• A pulverização de tiofanato metílico 1 g/l, ou 1 por cento de calda bordalesa + 2% de óleo de linhaça, ou Captan 2 g/l são algumas práticas que podem controlar a doença.

Atualmente, o Sr. Soundarrajan é um dos muitos beneficiários do regime e-velanmai.

Estudo de caso 8

Sub-bacia	: Palar
Nome do agricultor	: Sundaram
Aldeia	: S. lyampalayam
Distrito	: Tirupur

O Sr. Sundaram (filho do Sr. Vadivelu), de 55 anos de idade, possui 5 hectares de terreno de cultivo. Na sua horta, cultiva cocos e bananas há 28 anos. Em dezembro de 2008, aderiu ao regime e-velanmai. Participou no seminário técnico sobre "Fertirrigação", organizado no âmbito do regime e-velanmai. Implementou esta tecnologia na sua exploração agrícola e obteve melhores resultados. Alguns dos benefícios da 'Fertirrigação' são listados abaixo,

Distribuição dos nutrientes das plantas de forma mais uniforme em toda a zona radicular húmida, o que resulta numa maior disponibilidade e absorção de nutrientes, contribuindo para taxas de crescimento mais elevadas das culturas e para o rendimento da cana

• Fornecimento de nutrientes de forma incremental, de acordo com as fases de desenvolvimento da cultura ao longo da estação, para satisfazer as necessidades nutricionais efectivas da cultura

• Regulação e controlo cuidadosos do fornecimento de nutrientes

• Aplicação de nutrientes no solo quando as condições da cultura ou do solo não permitiriam a entrada no campo com equipamento convencional

• Perdas mínimas de nutrientes através do consumo por ervas daninhas, lixiviação e escoamento

• Sem danos para a cultura devido à poda das raízes, quebra de folhas ou dobragem de folhas, como acontece com os métodos/equipamentos convencionais de aplicação de fertilizantes

• Menos energia é gasta na aplicação do fertilizante

• Normalmente, é necessária menos mão de obra e equipamento para a aplicação do fertilizante e para supervisionar a aplicação

• A compactação do solo é evitada porque o equipamento pesado nunca entra no campo

• Sem danos causados pelo sal na folhagem

• Permite a produção de culturas em terras marginais, onde o controlo preciso da água e dos iões de nutrientes no ambiente radicular da planta é fundamental

Devido à implementação da "Fertirrigação", os custos foram reduzidos e o rendimento aumentou drasticamente. Este é um exemplo clássico que mostra o sucesso do modo e-velanmai de transferência de tecnologia.

Estudo de caso 9

Sub-bacia   : Palar
Nome do agricultor   : Sakthivel
Aldeia   : Malaiyadithottam
Distrito   : Tripur

O Sr. Sakthivel, de 40 anos de idade, agricultor do distrito de Tripur, com uma exploração agrícola de 7,5 acres, com uma experiência agrícola de 17 anos, que cultiva banana e coco, aderiu à e-velanmai em junho de 2008. Na sua exploração agrícola, enfrentava problemas de ataque de cochonilhas e insectos cochonilhas. Como é um agricultor instruído (colegial) e tem conhecimentos de informática, tirou uma fotografia da doença com uma câmara digital e enviou-a aos cientistas da TNAU (cientistas do e-velanmai) por correio eletrónico. Um dos principais objectivos do esquema e-velanmai é reduzir o tempo de processamento do contacto com a agência de extensão. O agricultor recebeu a recomendação do cientista por correio eletrónico no espaço de 3 horas.

Os sintomas enviados pelo agricultor são,

Identifique as cochonilhas olhando para a parte de baixo das folhas e à volta das juntas das folhas. Estes insectos parecem pequenas bolas de algodão (1/10 a 1/8 de polegada). As plantas afectadas pelas cochonilhas têm um aspeto murcho e doentio e podem ter seiva pegajosa nas folhas e nos caules.

Recomendação dos cientistas,

- Pulverizar um jato forte de água diretamente sobre a zona afetada da planta. O jato lava os insectos. Esta é a maneira mais fácil de controlar as cochonilhas.

- Pulverize com uma mistura de sabão/óleo se a água sozinha não fizer o trabalho. Misture 1 colher de chá de sabão inseticida, 1/2 colher de chá de óleo de horticultura e 1 litro de água num frasco de spray. Existem também numerosos produtos químicos disponíveis para o controlo das cochonilhas.

- Utilize álcool e um cotonete para tratar infestações menores. Aplique o álcool diretamente sobre os insectos.

- Tente comprar e libertar um predador natural chamado cochonilha destruidora (Cryptolaemus montrouzieri) para infestações graves. Coloque os destruidores de cochonilhas diretamente sobre a planta infestada.

- Atrair continuamente outros tipos de insectos predadores, como as vespas parasitas (Leptomastix dactylopii), que consomem e controlam as cochonilhas. Cultivar as suas plantas favoritas, como o endro, o funcho, a coreopsis e as flores de cores vivas, perto das plantas propensas às cochonilhas.

Os agricultores beneficiaram ao seguir as recomendações do cientista, o que aconteceu através de ferramentas baseadas nas TIC, ou seja, o esquema e-velanmai.

Estudo de caso 10

Sub-bacia	: Palar
Nome do agricultor	: T.Gopalakrishnan
Aldeia	: Kumarapalayam
Distrito	: Tirupur

O Sr. T. Gopalakrishnan, com 33 anos de idade, proprietário de 5 acres de terra de jardim, com uma experiência agrícola de 11 anos, tornou-se membro da e-velanmai em junho de 2008. Ele cultiva cocos ao longo da sua experiência. Um dos principais problemas que estava a enfrentar nos seus terrenos agrícolas era o ataque do escaravelho-rinoceronte. Recebeu a recomendação dos coordenadores de campo e beneficiou com isso.

Recomendação

- Colocar 10,5 g de bolas de naftalina nas axilas das folhas e cobrir com areia fina. Praticar uma vez em 45 dias.

• A pulverização de Carbaril 0,01% (50WP) nos locais de reprodução do escaravelho ajuda a destruir a larva.

• Luta biológica utilizando o vírus Baculovirus oryctus (libertação de 10 a 15 escaravelhos infectados com o vírus em 1 ha).

• Pulverizar 250 ml de cultura de Metarrizhium (fungo verde da muscardina, Metarrizhium anisopliae) + 750 ml de água em fossas de estrume e outros locais de reprodução do escaravelho.

As recomendações foram seguidas pelo agricultor e tiveram resultados positivos, o que o deixou encantado e feliz por ser membro do promissor programa de agricultura com recurso às TIC, nomeadamente o e-velanmai.

CAPÍTULO 5

RESUMO E CONCLUSÃO

5.1. INTRODUÇÃO

O novo paradigma do desenvolvimento agrícola na Índia exige a incorporação da tecnologia da informação para impulsionar a transformação da sociedade no seu todo. A tecnologia da informação reaviva as organizações sociais e a atividade produtiva da agricultura, que, se for cultivada eficazmente, poderá tornar-se um fator de transformação. A extensão agrícola, no cenário atual de um mundo em rápida mutação, é reconhecida como um mecanismo essencial para fornecer pacotes de informação e conhecimentos como contributo para a agricultura moderna, sendo inevitável o aproveitamento das TIC no desenvolvimento agrícola. A maioria das iniciativas isoladas na Índia a este respeito são específicas do local, isoladas e confinadas a uma pequena área. No entanto, sente-se cada vez mais que os decisores políticos e os departamentos agrícolas precisam de desenvolver uma estratégia completa para aproveitar as TIC no desenvolvimento agrícola a nível nacional, regional e estatal. Existem muitos pré-requisitos para o desenvolvimento de uma estratégia sólida, que constituem questões importantes para a realização de todo o potencial das TIC no domínio da agricultura. Dada a magnitude dos esforços que devem ser feitos para formular uma estratégia sólida para a utilização das TIC no desenvolvimento agrícola, pouco foi feito até à data. Na Índia, até à data, não foi feito qualquer esforço de investigação por parte de instituições académicas agrícolas para explorar as possibilidades de incorporação das TIC no referido domínio. Com a esperança de despertar as ideias para mobilizar a convergência das TIC na agricultura, a presente investigação foi levada a cabo para investigar várias questões passíveis de investigação para delinear os pré-requisitos de uma estratégia sólida das TIC na agricultura.

No processo de transferência de tecnologia, é necessária uma rápida divulgação da informação dos investigadores para os agricultores. O desenvolvimento da agricultura depende da aplicação da informação recebida e do nível de satisfação dos agricultores.

O acesso a estas informações e a melhoria da comunicação é um requisito essencial para o desenvolvimento de uma agricultura sustentável. As modernas tecnologias da comunicação podem ajudar a melhorar a comunicação nas zonas rurais e a aumentar a sua participação. Os conhecimentos e as competências podem ser partilhados através das modernas tecnologias da informação e da comunicação (TIC). O desafio consiste não só em melhorar o acesso das massas rurais às tecnologias da comunicação, mas também em analisar a vontade de pagar (WTP) dos agricultores nas TIC para acederem à transferência de tecnologia, bem como em identificar os benefícios e as expectativas dos agricultores inscritos nas TIC para melhorarem ainda mais.

Tendo estes pontos em mente, foi realizado um estudo de avaliação (utilizando telemóveis com câmara) e ex-post facto intitulado "Avaliação da eficácia do 'e-velanmai': Um modelo de transferência de tecnologia baseado nas TIC na agricultura" com os seguintes objectivos

5.2. OBJECTIVOS

1) Analisar o comportamento de "vontade de pagar" dos agricultores na abordagem de extensão baseada nas TIC.

2) Identificar os benefícios e as expectativas dos agricultores relativamente ao modelo de transferência de tecnologia "e-velanmai".

3) Documentar a experiência dos agricultores com o "e-velanmai" através de estudos de caso.

5.3. Metodologia de investigação

Este estudo foi efectuado nas duas áreas de comando de canais das sub-bacias de Palar e Aliyar dos distritos de Tiruppur e Coimbatore, respetivamente. O teste-piloto do modelo e-velanmai foi tentado nestas sub-bacias e daí a seleção da área de estudo. Destas duas sub-bacias, foram selecionadas cinco associações de utilizadores de água (WUA), três em Aliyar e duas nas sub-bacias de Palar, tendo em conta o âmbito de funcionamento do projeto e-velanmai. Cada uma das WUA selecionadas nas duas sub-bacias era composta por cerca de seis a oito aldeias. Havia 530 agricultores membros do projeto e-velanmai na sub-bacia de Palar e 392 agricultores na sub-bacia de Aliyar. Seguiu-se uma amostragem aleatória proporcional para selecionar 30 inquiridos de cada sub-bacia. Além disso, foram selecionados aleatória e proporcionalmente 15 agricultores não inscritos no projeto e-velanmai de cada sub-bacia, que são todos membros da WUA. Para este estudo, foi selecionada uma amostra aleatória proporcional de 60 agricultores inscritos no projeto e-velanmai, distribuindo 30 das sub-bacias de Aliyar e 30 das sub-bacias de Palar.

A eficácia do processo TOT foi feita através da realização de experiências de avaliação utilizando ferramentas TIC envolvendo os peritos para o estudo. Para documentar as experiências dos agricultores no acesso a conselhos agrícolas através do e-velanmai, foi identificada uma amostra de 5 casos de cada sub-bacia para representar a tipicidade do caso na região. O "comportamento de disposição para pagar" dos agricultores e as suas expectativas no projeto e-velanmai foram determinados com uma amostra aleatória de 60 agricultores. Foi selecionada uma amostra de 30 não membros de ambos os locais de estudo para comparação com os membros no que respeita à sua disponibilidade.

Os dados foram recolhidos através de um programa de entrevistas bem estruturado e pré-testado. Foram utilizados os instrumentos de análise, nomeadamente a análise percentual e a análise de frequência.

5.4. CONCLUSÕES IMPORTANTES

5.4.1. Caraterísticas do perfil

A maioria dos agricultores (42,2%) pertencia à categoria de meia-idade.

Mais de metade dos agricultores (53,3%) tinha uma experiência agrícola de 10-20 anos.

Quase (35,6%) dos inquiridos eram pequenos agricultores e tinham até 2,5-5,0 acres de terra.

Mais de metade dos inquiridos tinha um nível de rendimento anual até 25.000 rupias/ano.

Quase (36,7%) dos inquiridos possuíam o ensino secundário superior e foi observado um nível médio de (34,4%) de meios de comunicação social entre os inquiridos.

A maioria (76,7%) dos inquiridos participou em seminários técnicos realizados pela e-velanmai.

A grande maioria (91,7%) dos inquiridos não possuía computadores e a maioria dos inquiridos (83,33%) não possuía conhecimentos de informática e também a maioria (83,33%) dos inquiridos não frequentava qualquer programa de formação em informática.

O baixo nível (91,66%) de contacto com as agências de extensão foi predominante entre os inquiridos e mais de metade dos inquiridos (91,66%) não estavam satisfeitos com os contactos das agências de extensão e também mais de metade dos inquiridos (66,67%) tinham um nível médio de orientação científica.

5.4.2 Comportamento da vontade de pagar

A grande maioria (86,7%) dos inquiridos estava disposta a continuar a ser membro a longo prazo. Todos os inquiridos (100%) não estavam dispostos a pagar anualmente pelo acesso ao serviço de extensão oferecido pelo Departamento de Agricultura do Estado. Pouco mais de metade dos inquiridos (58,3%) estavam dispostos a pagar anualmente pelo acesso ao serviço de extensão e (41,6%) dos agricultores estavam dispostos a pagar uma única vez para aceder ao serviço de extensão através do método de extensão baseado nas TIC, ou seja, o método e-velanmai.

5.4.3 Conhecimento e razões para não ser um não membro do regime e-velanmai

Entre os não-membros do e-velanmai, a maioria dos inquiridos (66,7%) tinha conhecimento do programa e-velanmai e quase todos os agricultores (100%) mostraram vontade de aderir ao programa e-velanmai. O analfabetismo, seguindo o método tradicional de cultivo, desempenhou um papel importante na não adesão ao e-velanmai.

5.4.4. Benefícios e expectativas dos agricultores relativamente ao modelo e-velanmai de transferência de tecnologia

A grande maioria dos inquiridos, mais de 95%, foi altamente beneficiada por este modo de transferência de tecnologia e-velanmai e a maioria dos inquiridos (44,44%) afirmou que os peritos não recomendavam os pesticidas mais recentes lançados no mercado, sendo esta a principal razão para não adotar as tecnologias recebidas.

5.4.5. Vantagens e problemas percebidos pelos agricultores no método e-velanmai Vantagem percebida

A grande maioria (85%) dos inquiridos percebeu várias vantagens e a principal vantagem é que ajudou a poupar tempo e dinheiro aos agricultores, uma vez que os conselhos foram entregues à porta da exploração.

5.4.6. Problemas enfrentados pelos agricultores no método e-velanmai e nível satisfatório do serviço de extensão através do e-velanmai

A grande maioria dos agricultores (81,7%) não teve qualquer dificuldade em aceder a conselhos agrícolas através do modo e-velanmai e a maioria dos inquiridos (71,7%) ficou satisfeita com o serviço de extensão através do e-velanmai e a maioria dos agricultores (86,7%) ficou satisfeita porque o e-velanmai os ajuda a poupar tempo e dinheiro.

5.4.7. Tempo de rotação

O esquema e-velanmai ajudou os agricultores a identificar os vários problemas, pelo que o agricultor podia informar o coordenador de campo e este ajudava a diagnosticar o problema e transmitia-o aos cientistas universitários interessados. Estes cientistas aconselhariam diretamente os agricultores ou orientariam os coordenadores de campo no sentido de aconselharem os agricultores. Assim, estes seguiriam os conselhos e seriam registados no cartão de membro e seguidos pelo coordenador de campo. Os agricultores podem receber imediatamente as sugestões ou os conselhos dos peritos num prazo de 2 a 4 horas, o que os ajudará a reagir rapidamente.

5.4.8. Credibilidade, clareza e atualidade do aconselhamento através do e-velanmai

A maioria dos inquiridos (73,3%) tinha credibilidade sobre o aconselhamento oferecido pelo e-velanmai e a maioria (96,7%) dos inquiridos tinha uma clareza clara da mensagem oferecida através do e-velanmai e também a maioria dos inquiridos (76,7%) estava satisfeita com a oportunidade do aconselhamento dado pelo e-velanmai.

5.4.9. Vantagem relativa do e-velanmai em relação ao método convencional de extensão

Quase todos os inquiridos (100%) acreditam que o e-velanmai tem uma vantagem sobre o método convencional de extensão. A quase totalidade dos inquiridos (96,7%) considera que o pessoal da extensão visita os agricultores, enquanto que no método convencional o agricultor costumava visitar o pessoal da extensão.

5.4.10. Expectativas dos agricultores quanto a novas melhorias

A maioria dos agricultores (100%) estava disposta a receber o modo de transferência de tecnologia e-velanmai para praticar a agricultura científica nas suas explorações agrícolas e a maioria dos inquiridos (78,3%) estava disposta a utilizar ferramentas e dispositivos TIC e todos os inquiridos (100%) estavam dispostos a receber qualquer formação técnica orientada para a utilização de ferramentas TIC para a transferência de tecnologia.

5.4.11. A melhor alternativa para o pessoal de extensão, para além dos cientistas da TNAU, é oferecer conselhos agrícolas aos agricultores a nível das aldeias através do modo e-velanmai

Cerca de 40% dos agricultores preferiram a AO/AAO como a próxima alternativa de pessoal, para além dos cientistas da TNAU, para prestar aconselhamento agrícola através do modo e-velanmai.

5.5 Implicações do estudo

O estudo revelou que a formação no manuseamento de ferramentas TIC pode ser fornecida a jovens agricultores com formação e a pequenos agricultores marginais que se inscreveram no e-velanmai.

Alguns dos inquiridos possuem computadores e expressaram que a aquisição de ferramentas modernas de TIC é difícil. O estudo sugere ainda que pelo menos os AICs (Sistemas de Informação Agrícola) a nível da comunidade devem ser estabelecidos a nível da aldeia com o apoio de um extensionista ou de jovens da aldeia para orientar o agricultor no acesso à informação e se a nomeação do extensionista for difícil em todos os locais, um jovem da aldeia pode ser formado para atuar como facilitador.

A sensibilização pode ser criada entre os agricultores que não possuem computador. Pode ser dada preferência a quem tenha conhecimentos de informática e formação em informática.

❖ Os agricultores que têm um elevado nível de orientação científica, autoconfiança na utilização de computadores, interesse por computadores e capacidade de inovação respondem positivamente à utilização de computadores. Por conseguinte, estes agricultores caracterizados podem ser selecionados para participar em programas relacionados com as TIC.

❖ A maioria dos agricultores estava disposta a pagar por quaisquer projectos TIC, como o e- velanmai, mas esperavam um serviço gratuito ou uma inscrição vitalícia com uma taxa baixa e com grandes benefícios.

❖ A maioria dos inquiridos rejeita que os funcionários do governo realizem qualquer tipo de actividades agrícolas, como demonstrações, etc., uma vez que o modo de transferência de tecnologia pelo departamento estatal da agricultura tem problemas técnicos no acesso às tecnologias agrícolas. Embora o regime e-velanmai esteja a ser aplicado pelo Ministério da Agricultura, algumas pessoas não acreditam nos funcionários do Ministério devido a várias razões e à falta de credibilidade das informações prestadas pelo Ministério da Agricultura.

Se a CAF for retirada, a WUA pode utilizar os serviços de voluntários ou de ONGs/agro-clínicas para facilitar a transferência de tecnologia numa base sustentável de peritos agrícolas (que podem ser cientistas da TNAU ou funcionários agrícolas) que trabalham na sua localidade. No entanto, as exigências monetárias dos voluntários são exorbitantes, ao ponto de os agricultores não poderem pagar por aconselhamento técnico nem preferirem contratar estas pessoas para facilitar a ação dos peritos. Além disso, a continuidade do serviço prestado pelos voluntários aos agricultores não é fiável, uma vez que estes podem interromper a sua atividade a qualquer momento se não obtiverem rendimentos remuneradores pelos seus serviços.

5.6. Recomendações do estudo

1. Devem ser envidados esforços para incorporar as tecnologias da informação em todas as actividades relacionadas com o desenvolvimento agrícola. As organizações e os departamentos que se ocupam do desenvolvimento agrícola devem utilizar as TIC para realizar o seu potencial e para divulgar rapidamente a informação aos agricultores.

2. Os governos, a nível nacional e estatal, têm de reorientar as suas políticas agrícolas de modo a que uma estratégia de pleno direito possa acelerar o processo de aproveitamento do potencial das TIC no desenvolvimento agrícola global do país.

3. Recomenda-se que os decisores políticos utilizem a análise dos projectos de TIC realizada no estudo para formular uma estratégia de utilização das TIC no desenvolvimento agrícola do país.

4. As futuras iniciativas em matéria de TIC devem utilizar as TIC tanto como instrumento de recolha como de partilha de informações. Os desequilíbrios entre estas duas dimensões devem ser controlados nas fases iniciais.

5. Devem ser envidados esforços no sentido de garantir a equidade dos utilizadores em futuras iniciativas no domínio das TIC, incorporando módulos de informação específicos (destinados a mulheres agricultoras, jovens, etc.)

6. Para uma prestação eficaz de serviços TIC/TICT, as pessoas que demonstram uma elevada orientação para a extensão das TIC e fé nas pessoas devem ser preferidas para gerir os serviços.

7. A sensibilização dos jovens e dos agricultores de meia-idade para a disponibilidade de serviços de extensão baseados nas TIC é o primeiro passo a considerar para aumentar a participação dos agricultores nas iniciativas de TIV. Os agricultores idosos devem ser integrados na cadeia de redes de TIC nas fases posteriores do seu arranque.

8. Como se verificou no estudo que os pequenos agricultores e os agricultores marginais estavam a utilizar os serviços das TIC, deve ser dada mais ênfase ao fornecimento de mais informações relevantes para os sistemas agrícolas pequenos e marginais.

9. Recomenda-se o desenvolvimento de interfaces fortes ao nível das aldeias para que o problema da iliteracia informática entre os agricultores possa ser resolvido. Software de fácil utilização, interfaces gráficas e informação pictórica são algumas das formas de encorajar os agricultores a

utilizar os serviços das TIC.

10. Nas zonas onde predominam os agricultores comerciais, os serviços TIC devem fornecer informações sobre alertas precoces de doenças/pragas, serviços de resposta a perguntas, sistema e planeamento de culturas, melhores e mais recentes pacotes de práticas de culturas comerciais, previsão meteorológica, testes e amostragem de solos, tecnologia pós-colheita, preços/disponibilidade de factores de produção, informações sobre empresas agrícolas e seguros de colheitas.

11. Recomenda-se que sejam envidados esforços imediatos para melhorar os aspectos de conetividade, de modo a estabelecer quiosques a nível das aldeias em todas as regiões do país, tornando-os igualmente acessíveis e de fácil acesso para os agricultores.

Os organismos de topo como o ICAR, a Direção de Extensão, as Universidades Agrícolas Estatais e a Comissão Agrícola têm de desenvolver uma estratégia completa para promover o acesso dos agricultores à informação. Tal deve refletir-se na utilização das TIC na investigação, ensino e extensão agrícolas. É necessário incentivar o sector privado a fornecer serviços de TIC aos agricultores e desenvolver uma forte concorrência entre eles.

5.7. Sugestões de investigação futura

1. É possível determinar o impacto das recomendações atempadas oferecidas aos agricultores no âmbito da agricultura baseada nas TIC.

2. Pode ser avaliada a utilização de telemóveis 3G para a transferência de tecnologia.

5.8. Conclusão

O desenvolvimento agrícola e rural é um projeto complexo. A extensão das TIC não pode nem deve ser considerada como a solução para a variedade de problemas agrícolas e de desenvolvimento rural, embora possa servir para a coordenação da informação entre as agências relevantes. Até à data, foram testadas suficientes iniciativas de TIC no contexto indiano. É necessário olhar para além dos testes-piloto das TIC para desenvolver os esforços de extensão adequados que aproveitem as TIC. Para tal, é necessário incorporar as TIC nas componentes estruturais e funcionais das organizações de extensão. . No entanto, a formação de capital social e a capacitação dos agricultores na utilização das ferramentas das TIC podem ser conseguidas através da utilização dos serviços dos funcionários da extensão agrícola do Departamento de Agricultura do Estado. Por conseguinte, sem qualquer custo adicional, este modelo de agricultura com recurso às TIC poderia ser alcançado a nível estatal em Tamil Nadu e reproduzido noutros estados da Índia, uma vez que cada estado tem uma ou mais universidades agrícolas estatais e institutos de investigação.

REFERÊNCIAS

Anandaraja, N. 2003. Desenvolvimento de um disco compacto multimédia interativo e amigo do agricultor e teste da sua eficácia na transferência de tecnologia agrícola. Tese de doutoramento não publicada. Tese de doutoramento, TNAU, Coimbatore.

Anónimo. 2001a. O governo de Tamil Nadu cria uma rede de informações de marketing. The Hindu, 24 de junho de 2001.

Anónimo. 2001b.Farmer can use touch screen to access information. The Business Line, 21 de março. Também disponível em www.Indiagriline.com.

Anónimo. 2001c.http://www.uttamkrishi.com.

Anónimo. 2001d. http://www.fertindia.com.

Anónimo. 2002, Aid for SHGs to set up rural information Kiosks, The Hindu, 17 de abril de 2002.

Anónimo.2003a, online future trading in wheat and rice, The Hindu, Dec13,2003.

Anónimo. 2003b. Govt. decided to issue certificates through computer, Dinamalar, Dec8, 2003.

Anónimo. 2003d. Criando os instrumentos para a revolução do conhecimento na Índia rural. The Hindu, 20 de julho de 2003.

Anónimo. 2004, Anbil farmers take to internet for market information. The Hindu, 8 de março de 2004.

Anupamashah & S.Gupta. 1986. Effectiveness of Visual Aids: Um estudo comparativo. Indian J. Adult Edn., 41 (16): pp.21-28

Balit, S. 1998. Escutando os agricultores: Communication for participation and change in latin America, in: Formação para a agricultura e o desenvolvimento rural: 1997-98. FAO, Roma, Itália. pp.29-40.

Bhaskar, K. & Venkateshwar Rao. 1999. Experience of Warna Wired Village Project. Yojana, No.21(8) pp.17-26.

Cinthia, Fexanandaz, 2002. Treinamento prático para agricultores no uso de computadores - Um estudo de viabilidade. Unpub. Tese de Mestrado (Ag.), TNAU, Coimbatore.

Dinar, A. 1996. "Extension commercialization: How much to charge for extension services". American Journal of Agricultural Economics 78 (fevereiro de 1996): 1 - 1 2.

FAO. 1996. Sugestões para colmatar o fosso digital. Roma. Publicações da FAO.

FAO, 1996. A Internet e o desenvolvimento rural - recomendações para a estratégia e a atividade.

Relatório de consultoria de D. Richardson. Rome.

FAO.1998. Knowdge and information for security in Africa: From Traditional media to the internet (citado em 4 de janeiro de 2010).Disponível em http://www.fao.org/sd/ KNdef en.htm

Forno, D.A.1999. O desenvolvimento sustentável começa com a agricultura. In: Sustainable agriculture solutions: the action report of the sustainable Agriculture initiative. Noello Press Ltd, Lodon.UK.Pp.8-11.

Governo da Índia, Ministério das Tecnologias da Informação (2000). "Working group on Information Technology for Masses", Background report. Em linha: http://itformasses.nic.in/vsitformasses/pagel.html.

Harichandra, A.A. 2004 Companies back e-agri extension to expand base. The Hindu, 7 de fevereiro de 2004.

Holloway, G. J. e S. K. Ehui 2001. "Demand, supply and willingness-to-pay for extension services in an emerging-market setting." American Journal of Agricultural Economics 83(3): 764-768.

Indira, Madhukar, 2002. Internet based distance learning. Authors press, Nova Deli.

Jamatia, Phanibhusan. 1997. Participação das mulheres tribais na agricultura e actividades conexas no estado de Tripura. Unpub. Tese de Mestrado, TNAU, Coimbatore.

Jones, Gwyn E.1997. The history, development, and future of Agricultural Extension in Improving Agricultural Extension- A reference manual by Burton E Swanson et.al., FAO, Rome publications.

Karthikeyan Chandrasekaran, Sureshkumar Devarajalu e Palanisami Kuppannan 2009. Farmers' Willingness to pay for Irrigation Water: A Case of Tank Irrigation Systems in South India [Um caso de sistemas de irrigação por tanques no sul da Índia]. Water 2009, 1, 5-18; doi:10.3390/w101005, publicado em: 19 de agosto de 2009.(www.mdpi.com/journal/water)

Karthikeyan, C 2009. 'e-velanmai- Um modelo de transferência de agro-tecnologia baseado nas TIC'.

Artigo apresentado na conferência internacional e-INDIA 09, realizada de 26 a 29 de agosto de 2009 em Hyderabad.

Krishna Kant, 2002. Redressal of Rural problems through Information Technology. Disponível em: http// pib.nic.in / feature /feyr2002 /fmar2002/ f210320021. html [citado em 30 de fevereiro de 2010].

Krishnamoorty, J 2004. E-post service introduced in Ooty, The New Indian Express. 19 de fevereiro de 2004.

Lukeeram, I, Bheenick, K.J. e Travailleur, C.2000.Combining audio files and graphics on the web to increase accessibility to agricultural information for the non-English speaking and the non-literate farmers in Mauritius: a Practical example with PETIS (Potato Extension & Training Information System).Paper presented to 2nd Global Knowledge conference, March 7-10,Kuala Lumpur, Maslasia.p.2.

Meera,N. Shaik e Anita Jhamtani 2005. Projecções futuras da utilização das tecnologias da informação no desenvolvimento agrícola na Índia. Indian Journal of Extension Education. 40(1&2): 1-7.

Misra, P. 1999. Meios de comunicação electrónicos: Uma perspetiva futura no ensino à distância. Notícias da Universidade, 38(38):pp.16-27.

Richardson, D. e Rajasunderam, C.V. 1999. Training community animators as participatory communication for development practitioners (Formação de animadores comunitários como comunicação participativa para profissionais do desenvolvimento). Publicações da FAO.

Schmitz, G. John.E.2003. Agricultural Extension on the web. Universidade de Illinois. Disponível em: http:// web.aces.uiuc.edu/ AIM/ john/ CISCE 2002.html. cited 23 march 2010].

Selvaraj, C. 1990. Eficácia da apresentação de vídeo interactiva controlada pelo instrutor. Tese de Mestrado (Ag.) não publicada. Tese de Mestrado (Ag.), TNAU, Coimbatore.

Senthil Kumar, M. 2003, Field Testing Cyber Extension Techniques for Transfer of Farm Technology- a Feasibility study. Tese de doutoramento não publicada. Tese de doutoramento, TNAU, Coimbatore.

Sharma, V.P. 2000. Cyber Extension: The extension approaches for new Millennium. Extension Digest. Publicação MANAGE, Hyderabad.

Sivakumar, S. 2000. "E-chaupal: Um conceito integrado como solução modelo". SAARC Oils and fats Toda.

Sood, A.D. 2000. How to write rural India? A survey on the problems and possibilities of digital development. Disponível em: http://www.indiatogether. org [citado em 24 de abril de 2010].

Sulaiman, K. e Sadamate 2000. Estimaram o ***comportamento*** dos agricultores em relação aos serviços de extensão e avaliaram os factores determinantes da sua ***disponibilidade*** para pagar os serviços de extensão.

Supe, S.V. 1969. Factores relacionados com os diferentes graus de racionalidade na tomada de decisões dos agricultores. Unpub. Tese de doutoramento, IARI, Nova Deli.

Swaminathan, MS 1993 (ED). Information Technology: Reaching the Unreached Chennai: Macmillan India.

Truelove, W. 1998. A seleção de meios de comunicação para o ensino à distância na agricultura. Publicações da FAO.

Van Crowder, L. & Fortier, F. 2000. National Agricultural and Rural Knowledge and Information System (NARKIS): a proposed component of the Uganda National Agricultural Advisory Service (NAADS) FAO. 22 pp.

Venkattakumar, R. e Nanjaiyan, K. 1997. Caraterísticas do perfil dos produtores comerciais de coco. Journal of Extension Education. 10(3): 2524-2531.

Banco Mundial, 1995. A Internet e o desenvolvimento rural: Recommendations for strategy and activity. Estratégia e atividade recomendadas pela FAO. [Disponível em: http:// www.fao.org/waicenet / faoinfo/ sustdev/ CDdirect/ CDDO/ Intro.htm.Citado em 14 de abril de 2010].

Zijp, W. 1994. Improving the Transfer and use of Agricultural Information: A guide to Information Technology. World Bank discussion Papers, 247, P 105.

Referências Web (norma ISO- 690-2)

<http://www.evelanmai.com>: Acedido em 2010, 10 de março

< http://www.mssrf.org >: Acedido em 2010, 13 de março

<http://www.tenet.res.in/rural/sari.html>: Acedido em 2009, 18 de dezembro

<http://www.gyandoot.nic.in>: Acedido em 2009, 18 de dezembro

< http://www.n-logue.eo.in> : Acedido em 2009, 18 de dezembro

<http://www.drishtee.com> :Acedido em 2009, 20 de dezembro

<http://www.idrc.ca>: Acedido em 2010, 16 de janeiro

<http//wwww.fao.org/waicent/vercon>: Acedido em 2010, 27 de março

<http//www.pcarrd.dost.gov.ph/fitshome.html>: Acedido em 2010 31Março

<http//www.grameen-info.org/bank/index html>: Acedido em 2010, 18 de abril

<http//www.fidamerica.cl/>: Acedido em 2010, 20 de abril

<http//www.web.aces.uiuc.edu/AIM/indial.html>: Acedido em 2010, 20 de abril

<http//www.tiruppur.nic.in>: Acedido em 1 de maio de 2010

Apêndices

"Avaliação da eficácia do 'e-velanmai': Um modelo de transferência de tecnologia baseado nas TIC na agricultura".

PROGRAMA DE ENTREVISTAS

1. **Nome do agricultor:**   **Aldeia:**

2. **Participação na e-velanmai:** Sim/Não   **Sub-bacia:**

Em caso negativo, indicar os motivos, i.

       ii.

3. **Idade (anos completos):**

4. **Experiência no sector agrícola:**   anos.

5. **Nível   de   instrução:**   Analfabeto/funcionalmente

alfabetizado/primário/médio/secundário/secundário superior/universitário

6. **Situação da exploração:**

Dimensão total da exploração ___________ (em acres)

N.º de Sl.	Dados	Húmido	Jardim	Seco	Total
I.	Área detida				

7. **Rendimento anual**

i) Qual é o rendimento anual obtido a partir de fontes agrícolas?

ii) Qual é o rendimento anual obtido com outras actividades para além da agricultura?

iii) Rendimento total da sua família por ano?

8. **Exposição nos meios de comunicação social**

Indique as fontes de onde obtém os conselhos em matéria de agricultura.

Fontes de informação agrícola		realizado	Não realizado
i.	Televisão		
ii.	Jornal		
iii.	Rádio		
iv.	Revistas		
v.	Boletins		
vi.	Computador		
vii.	Internet		
viii.	AAO		
ix.	Concessionários de entrada		
x.	Vizinhos		

8. **Formações realizadas**

Participou nos seminários técnicos/campanhas de sensibilização organizados pela e-velanmai?

56

Sim / Não.

9. Propriedade e utilização de computadores

i)   Tem um computador?   (Sim/Não)

ii) Utiliza computador   (Sim/Não)

Em caso afirmativo, para que fins?   (Agrícola/não agrícola)

10. Conhecimentos de informática

Já navegou em algum sítio Web relacionado com a agricultura? (Sim/Não)

Em caso afirmativo, com que finalidade consultou os sítios Web? (agrícola / não agrícola)

11. Formação em informática

Recebeu alguma formação em informática? (Sim / Não)

12. Contacto da agência de extensão

a)   A quem tem acesso às tecnologias agrícolas (antes da implementação do regime e-velanmai)?

i)   Consultores agrícolas privados

ii) Cientistas de universidades

iii) Agentes agrícolas / AAO

iv) ONG

v)   Outros funcionários do departamento de desenvolvimento

b)   Com que frequência o vês?

Frequentemente / Ocasionalmente / Nunca

c)   Está satisfeito com a transferência de tecnologia efectuada pela agência da sua preferência?

Muito satisfeito / satisfeito / não satisfeito

13. Orientação científica

N.º de Sl.	Declarações	De acordo	Indecisos	Não concordo
1.	O novo método de cultivo dá melhores resultados a um agricultor do que o método antigo			
2.	A forma como os antepassados dos agricultores cultivavam continua a ser a melhor forma de cultivar			
3.	Mesmo um agricultor com muita experiência deve utilizar novos métodos de cultivo			
4.	Um bom agricultor experimenta novas ideias na agricultura			
5.	Embora leve tempo para um agricultor aprender novos métodos de cultivo, vale a pena o esforço			
6.	Os métodos tradicionais de agricultura têm de ser alterados a fim de aumentar o nível de vida dos agricultores			

14. **Disponibilidade para pagar Comportamento**

i)   Como gostaria de renovar a sua inscrição?

Com base na necessidade / continuar a ser membro / descontinuado

I)   No âmbito do atual método de extensão.

i)   . Está disposto(a) a pagar anualmente para ter acesso aos serviços de extensão oferecidos pelo Ministério da Agricultura do Estado? (sim/não).

ii)   . Em caso afirmativo, quanto está disposto a pagar?

Rs .... / ano.

II)   No âmbito do método de extensão baseado nas TIC.

1.   Está disposto a pagar anualmente para ter acesso aos serviços de extensão através da extensão (modo e-velanmai)? (sim/não)

2.   Em caso afirmativo, quanto está disposto a pagar?

Rs .... / ano.

Para não membros

i)   Conhecimento do regime e-velanmai (conhece/não conhece)

ii)   Está disposto a tornar-se membro do e-velanami? (Sim/Não)

15. **Benefícios e expectativas dos agricultores em relação ao modelo "e-velanmai" de transferência de tecnologia**

Opinião dos agricultores sobre o projeto e-velanmai

i)   Se a tecnologia fornecida pelo e-velanmai à porta da exploração é útil ou não?

Sim / Não

ii)   Acolhe favoravelmente este regime para uma melhor adoção das tecnologias agrícolas?

Sim / Não

Este projeto é fiável para resolver problemas específicos da exploração agrícola?

iii) Opinião dos agricultores sobre a adoção e não adoção das tecnologias transferidas através do e-velanmai

Tecnologias recebidas	Tecnologias adoptadas	Tecnologias não adoptadas
i)		
ii)		
iii)		

Em caso de não adoção, indicar os motivos

i)

i i)

i ii)

16. **Vantagens e problemas percebidos pelos agricultores no método e-velanmai Benefícios percebidos:**

i)   Poupa tempo e dinheiro ao agricultor, uma vez que os conselhos são entregues à porta da exploração

(Concordar/discordar)

ii)   Há uma responsabilização pelos conselhos de extensão dados pelos peritos.

(Concordar/discordar)

iii) Os conselhos são adequados para resolver os meus problemas agrícolas

(Concordo/discordo)

iv) É possível obter uma agricultura rentável devido à poupança na utilização de factores de produção

(Concordo/discordo)

v) Seguem-se os benefícios que percebi na agricultura com base nos conselhos do e- velanmai;

i)   Redução dos custos de cultivo graças aos conselhos do e-velanmai

ii)   Capaz de controlar eficazmente a praga.

17. **Problemas enfrentados pelos agricultores no método de extensão e-velanmai**

Enfrenta algum obstáculo/problema no acesso a conselhos agrícolas através do modo e-velanmai?

Sim/Não

Em caso afirmativo, quais são os problemas?   i)

ii)

18. **PERCEPÇÃO DOS AGRICULTORES**

i)   Obteve aconselhamento técnico através do "e-velanmai"?

Sim / Não

ii)   Em caso afirmativo, está satisfeito com o serviço de extensão através do "e-velanmai"?

Muito satisfeito / Satisfeito / Nunca satisfeito

Justificar: i).

ii).

iii) Mencionar o tempo de resposta do conselho que recebeu ______________ horas.

iv) Credibilidade dos conselhos propostos,

Altamente credível/ credível/ Pouco credível

v)   Se a clareza da mensagem oferecida através do e-velanmai é

Compreensível / Não compreensível

vi) Atualidade do aconselhamento prestado pela e-velanmai

Sim/Não

vii) Sente a diferença entre o e-velanmai e o método convencional de extensão?

Sim/Não

Em caso afirmativo, em que perspectivas?

i)

i i)

19. **Expectativas futuras dos agricultores para melhorias futuras**

Quais são as suas expectativas em relação à transferência de tecnologia agrícola baseada nas TIC?

i)   Está disposto a receber transferência de tecnologia através do modo e-velanmai para praticar agricultura científica na sua exploração agrícola?

Sim / Não

Justificar   i)

ii)

ii)   Gostaria de utilizar alguma ferramenta ou dispositivo de TIC (computador pessoal, Internet, câmara digital, telemóveis 3G para aceder a tecnologias agrícolas? Sim / Não

Em caso negativo, indicar os motivos,   i)

          ii)

iii) Gostaria de receber alguma formação orientada para as competências técnicas sobre a utilização de ferramentas TIC para a transferência de tecnologias? (Sim/Não)

20. Quem prefere como melhor pessoal de extensão alternativo no modo e-velanmai para dar conselhos agrícolas ao nível da sua aldeia?

a) ONG   b) AAO   c) Comerciantes de factores de produção   d) Jovens das aldeias

Justificar :   i)

          ii)

21. Que alterações sugere para os actuais métodos de transferência de tecnologia do Ministério da Agricultura do Estado?

          i)

          ii)

I want morebooks!

Buy your books fast and straightforward online - at one of world's fastest growing online book stores! Environmentally sound due to Print-on-Demand technologies.

Buy your books online at
www.morebooks.shop

Compre os seus livros mais rápido e diretamente na internet, em uma das livrarias on-line com o maior crescimento no mundo! Produção que protege o meio ambiente através das tecnologias de impressão sob demanda.

Compre os seus livros on-line em
www.morebooks.shop

Printed by Books on Demand GmbH, Norderstedt / Germany